Die in den Sitzungsberichten Abtlg. I und Abtlg. II a der math.-nat. Klasse der Österr. Ak. d. Wiss. erscheinenden Abhandlungen werden auch einzeln abgegeben. Sie können durch jede Buchhandlung oder direkt durch die Auslieferungsstelle der Österreichischen Akademie der Wissenschaften (Wien I, Singerstraße 12) bezogen werden.

Nachfolgende Abhandlungen aus dem Fache der **Paläontologie** sind erschienen:

1951 (S I Bd. 160):

Bachmayer F. und Papp A.: (Wien) Lebensspuren aus dem französischen Jura und dem Schlier Österreichs (mit 3 Tafeln), 7 Seiten. S 4.80

Berger W.: Pflanzenreste aus dem Tortonischen Tegel von Theben-Neudorf bei Preßburg (mit 12 Textabbildungen), 5 Seiten. S 2.80

Berger W.: Die Pflanzenreste aus den unterpliozänen Congerienschichten des Laaerberges in Wien (vorläufiger Bericht), 11 Seiten. S 6.—

Ehrenberg Kurt: Beobachtungen über Lebensspuren und Nahrungsweise der Bisamratte (Fiber zibethicus L.) (mit 3 Tafeln), 21 Seiten. S 14.—

Kahler F.: Über die Bruchfestigkeit einiger Typen von Fusulinidenschalen (mit 5 Textabbildungen), 9 Seiten. S 5.—

Kamptner E.: Über das Auftreten der Codiaceen-Gattung Cayeuxia Frollo im Ober-Jura von Ernstbrunn (Niederösterreich) (mit 1 Tafel), 20 Seiten. S 15.60

Papp A.: Charophytenreste aus dem Jungtertiär Österreichs (mit 4 Tafeln und 1 Textabbildung), 14 Seiten. S 10.60

Papp A. und Mandl K.: Insekten aus den Congerienschichten des Wiener Beckens (mit 5 Textabbildungen und 2 Bildern auf einer Tafel), 7 Seiten. S 4.60

Schouppé A.: Beitrag zur Kenntnis des Baues und der Untergliederung des Rugosen-Genus Syringaxon Lindström (mit 2 Textabbildungen), 9 Seiten. S 5.—

Schouppé A.: Kritische Betrachtungen um den Genusbegriffes Entelophyllum Wdk. nebst einigen Bemerkungen zu Wedekinds „Kyphophyllidae" und „Kodonophyllidae" (mit 3 Textabbildungen und 2 Tafeln), 13 Seiten. S 7.40

Schouppé A.: Kritische Betrachtungen zu den Tabulaten-Genera des Formenkreises Thammnopora-Alveolites und ihren gegenseitigen Beziehungen, 15 Seiten. S 6.40

Tauber A. F.: Tripneustes ventricosus austriacus nov. ssp., ein tropischer Seeigel aus dem Torton des Wiener Beckens (mit 1 Tafel und 4 Textabbildungen), 17 Seiten. S 7.80

Thenius E.: Anthracotherium aus dem Untermiozän der Steiermark. Beiträge zur Kenntnis der Säugetierreste des steirischen Tertiärs, VI. (mit 1 Textabbildung), 9 Seiten. S 3.80

Thenius E.: Eine neue Rekonstruktion des Höhlenbären (Ursus spelaeus Ros.) (mit 3 Tafeln), 12 Seiten. S 6.40

Zapfe H.: Dinocyon thenardi aus dem Unterpliozän von Draßburg im Burgenland (mit 9 Textabbildungen), 14 Seiten. S 7.40

Zapfe H.: Die Fauna der miozänen Spaltenfüllung von Neudorf a. d. March (ČSR): Insectivora (mit 15 Textabbildungen), 31 Seiten. S 15.—

1952 (S I Bd. 161):

Bachmayer F.: Fossile Libellenlarven aus mioz. Süßwasserablagerungen (mit 1 Taf.), 5 Seiten. S 3.60

Beier M.: Miozäne und oligozäne Insekten aus Österreich und den unmittelbar angrenzenden Gebieten (mit 2 Textabbildungen und 2 Abbildungen auf einer Tafel), 5 Seiten. S 3.90

Berger W.: Pflanzenreste aus dem miozänen Ton von Weingraben bei Draßmarkt (Mittelburgenland) (mit 15 Textabbildungen), 8 Seiten. S 3.80

Berger W. und Zabusch F.: Die Pflanzenreste aus den obermiozänen Ablagerungen der Türkenschanze in Wien (vorläufiger Bericht), 8 Seiten. S 3.30

Papp A.: Über die Verbreitung und Entwicklung von Clithon (Vittoclithon) pictus (Neritidae) und einiger Arten der Gattung Pirenella (Cerithidae) im Miozän Österreichs (mit 1 Textabbildung und 3 Tafeln), 24 Seiten. S 11.80

Thenius E.: Die Boviden des steirischen Tertiärs. Beiträge zur Kenntnis der Säugetierreste des steirischen Tertiärs, VII. (mit 11 Textabbildungen), 31 Seiten. S 13.10

Weinfurter E.: Otolithen aus miozänen Brack- und Süßwasserschichten des Lavanttales in Kärnten (mit 1 Tafel), 7 Seiten. S 3.20

Weinfurter E.: Die Otolithen aus dem Torton (Miozän) von Mühldorf in Kärnten (mit 1 Textabbildung und 2 Tafeln), 23 Seiten. S 11.80

Weinfurter E.: Die Otolithen der Wetzelsdorfer Schichten und des Florianer Tegels (Miozän, Steiermark) (mit 5 Tafeln), 43 Seiten. S 19.—

1953 (S I Bd. 162):

Bachmayer F.: Die Myriopodenreste aus der altplistozänen Spaltenfüllung von Hundsheim bei Deutsch-Altenburg, Niederösterreich (mit 1 Tafel). S 3.60

Berger W.: Pflanzenreste aus dem miozänen Ton von Weingraben bei Draßmarkt, Mittelburgenland II. (mit 21 Textabbildungen). S 4.60

Berger W.: Die obermiozäne (sarmatische) Flora von Gabbro (Monti Livornesi) in der Toskana. S 5.—

ISBN 978-3-662-24027-4 ISBN 978-3-662-26139-2 (eBook)
DOI 10.1007/978-3-662-26139-2

Die Nerineen der österreichischen Gosauschichten

Von Lieselotte Tiedt

(Paläontologisches Institut der Universität Wien)

Mit 13 Textabbildungen und 3 Tafeln

(Vorgelegt in der Sitzung am 27. November 1958)

I. Einleitung

Das erste sichere Auftreten der Familie Nerineidae fällt in den Lias. Sie hatte eine weltweite Verbreitung und erreichte ihren Höhepunkt an Artenreichtum und Entwicklung vom obersten Jura bis zur unteren Kreide. Mit dem Ende der Kreidezeit stirbt die Familie restlos aus.

Die in der vorliegenden Arbeit behandelten Nerineen der Gosauschichten der Nordalpen sind also mit die letzten Vertreter dieser Familie. Ihr gehäuftes und häufiges Auftreten, das man als eine Scheinblütezeit bezeichnen kann, veranlaßte mehrere bedeutende Forscher des vorigen Jahrhunderts, sie näher zu untersuchen.

Die erste Zusammenstellung findet sich bei Goldfuss 1844. Diese Arbeit wurde von Zekeli 1852 ergänzt. Kurze Zeit später befaßten sich Reuss 1853 und Stoliczka 1865 mit einer Revision der bis dahin erschienenen Bemerkungen über das Vorkommen der Nerineen in den Gosauschichten der Nordalpen. Diese Zusammenstellungen und Revisionen sind nach den heutigen Gesichtspunkten veraltet und bedürfen einer neuen Bearbeitung. Vor allem ist es notwendig, den Nerineen der Gosauschichten — auch wenn sie keine sehr artenreiche Gruppe bilden — einen festen Platz in der Systematik zu geben und zu überprüfen, wie weit sie eine stratigraphische Auswertung zulassen[1].

[1] Die vorliegende Arbeit stellt den Auszug einer Dissertation dar, die im Paläontolog. Institut der Universität Wien durchgeführt wurde; dieses hat sich, wie immer, jede Danksagung verboten. Der geolog.-paläontolog. Abteilung des Naturhistor. Museums in Wien (Dir. Prof. Dr. H. Zapfe und

Eine erste Aufteilung versuchte BRONN 1836, indem er die damals bekannten Arten nach ihrem Faltenbild einstufte. Im Jahre 1896 gliederte COSSMANN die Nerineen in verschiedene Gattungen und Untergattungen unter besonderer Berücksichtigung der 1850 erschienenen „Remarks on the Genus Nerinaea" von D. SHARPE. Die Familie der Nerineidae (ZITTEL 1873) stellte er zusammen mit den Familien der Tubiferidae und Itieridae in die neue, von ihm geschaffene Unterordnung Entomotaeniata (1896, S. 5). Seiner ausführlichen Definition liegt die von ZITTEL zugrunde: „Schale turmförmig, pyramidal bis eiförmig, mit oder ohne Nabel. Mündung vorne mit kurzem Kanal oder seichtem Ausguß. Spindel und Lippen meist mit kräftigen durchlaufenden Falten. Außenlippe dünn, hinten (oben) mit spaltartigem Einschnitt, welcher auf allen Umgängen unter der Naht ein schmales Schlitzband hinterläßt." COSSMANN teilt die Familie der Nerineidae in zahlreiche Gattungen, Untergattungen und Unterabteilungen ein (1896, S. 23—46).

In der Gliederung von COSSMANN stimmt die Beschreibung der von ihm aufgestellten Gattung *Trochalia* mit der gleichnamigen Untergattung (Typus für beide: *Nerinea annulata* Sharpe), die auch von WENZ 1938, S. 827, übernommen wurde, nicht mit der Originalbeschreibung von SHARPE überein. Ebenso herrscht keine Übereinstimmung in der Beschreibung der *Nerinea monilifera* d'Orbigny, wie aus einem Vergleich mit der Originalbeschreibung in der Paléontologie française 1842, S. 95 und der Abbildung Taf. 163, Fig. 4—6 hervorgeht. Darin beschreibt D'ORBIGNY nur eine Parietalfalte, während ihr später zwei Columellarfalten und eine Palatalfalte, aber keine Parietalfalte zugesprochen werden.

Die Nerineen der Gosauschichten ordnet COSSMANN folgendermaßen ein:

N. buchi Keferst.   = *Nerinea* (*Ptygmatis*) *buchi*
N. ampla Münster   = *Nerinea* (*Ptygmatis*) *ampla*
N. nobilis Münster   = *Nerinea* (*Ptygmatis*) *nobilis*
N. turritellaris Münster = *Nerinea* (*Ptygmatis*) *turritellaris*
N. pailletteana d'Orbigny = *Nerinea* (*Diozoptyxis*) *pailletteana*

Kustos Dr. F. BACHMAYER), der Bayrischen Staatssammlung für Paläontologie und Histor. Geologie in München, dem British Museum Nat. Hist. in London (Curator Dr. L. R. Cox) und dem Bureau de Recherches géolog., géophys. et minières in Paris (früher Centre d'Etudes et de Documentation paléont., Prof. J. ROGER) bin ich für die freundliche Hilfe und Besorgung der Originale von ZEKELI, Grafen MÜNSTER, SOWERBY und D'ORBIGNY zu tiefem Dank verpflichtet.

N. plicata Zekeli	= *Nerinea (Diozoptyxis) plicata*
N. incavata Bronn	= *Nerinea (Nerinea) incavata*
N. crenata Münster	= *Nerinea (Nerinea) crenata*
N. gracilis Zekeli	= *Nerinella (Nerinella) gracilis*
N. granulata Münster	= *Nerinella (Nerinella) granulata*
N. flexuosa Sowerby	= *Nerinella (Nerinella) flexuosa*

Dieses System galt bis 1925. Dann revidierte es W. O. DIETRICH in seiner Zusammenfassung im „Fossilium Catalogus". Er kritisierte besonders die Vereinigung mit den beiden anderen Familien Tubiferidae und Itieridae zu den Entomotaeniata, da sie kaum gemeinsame Merkmale besitzen. Auch die Ansicht, daß sich die *Nerineidae* an die Ordnung Opisthobranchiata anschließen lassen, sei nicht vertretbar, da das Embryonalgewinde nicht bekannt ist. Ebenso verwirft W. O. DIETRICH die Abtrennung der Itieridae von den Nerineidae und zieht sie wieder zusammen. Er weist aber ausdrücklich darauf hin, daß auch dieses neue System nicht ganz dem natürlichen Sinne der Nerineidae entspricht. DIETRICH hat seine Aufteilung weiter spezialisiert und ordnet die Nerineen der Gosauschichten folgendermaßen ein:

Nerinea buchi Keferstein	= *Nerinea* s. s.
Nerinea ampla Münster	= *Ptygmatis*
Nerinea nobilis Münster	= *Nerinea* s. l.
Nerinea turritellaris Münster	= *Ptygmatis*
Nerinea pailletteana d'Orbigny	= *Ptygmatis* s. l.
Nerinea plicata Zekeli	= *Ptygmatis*
Nerinea incavata Bronn	= *Nerinea*
Nerinea crenata Münster	= *Nerinea* s. s.
Nerinea Bronni Münster	= *Nerinea* s. s.
Nerinea granulata Münster	= *Nerinea*
Nerinea gracilis Zekeli	= *Nerinella*
Nerinea flexuosa Sowerby	= *Nerinella*

Eine weitere Spezialisierung in Gattungen und Untergattungen unternahm WENZ 1938. Er stellt die Nerineidae eindeutig zu den Prosobranchiata und trennt sie von den Acteonellen, die er zu den Opisthobranchiata stellt. In der Superfamilie Nerineacea (Entomotaeniata COSSMANN) faßt er die folgenden drei Familien zusammen: Ceritellidae (= Tubiferidae), Nerineidae und Itieridae. Hier stimmt er völlig mit COSSMANN überein. Unternimmt man jedoch den Versuch, die verschiedenen Nerineen-Arten der Gosauschichten in das System von WENZ einzuordnen, so stößt man auf Schwierigkeiten, namentlich dadurch, daß man sowohl die Skulptur als auch die Faltenmerkmale berücksichtigen muß.

Bei der Einordnung des Faltenbildes zeigt sich aber, daß die Definitionen der WENZschen Gliederung für die exakte Einstufung der Gosaunerineen nicht ausreichen. Man muß sich wohl entscheiden, welches der beiden Merkmale, Skulptur oder Falten, man als das dominierende betrachten soll und darnach die Gliederung vornehmen. Man muß dabei drei Tatsachen im Auge behalten:

1. daß die Gattung *Nerinea* maßgebend durch den Besitz der raumeinengenden, aber oberflächenvergrößernden Falten, nicht nur Columellar-, sondern auch Wandfalten, gekennzeichnet ist,

2. daß bei manchen Arten das Faltenbild trotz verschiedener Skulptur und Größe fast gleich bleibt (*N. nobilis* und *N. buchi*),

3. daß bei anderen Arten wieder trotz ganz ähnlicher Skulptur das Faltenbild sehr verschieden ist (z. B. *N. incavata* und *N. bronni*).

Daher und nach eingehendem Vergleich an größeren Materialien erschien es mir richtiger, bei der Unterscheidung von Untergattungen dem Faltenbild das größere Gewicht beizumessen. Bei seiner Unterscheidung läßt sich eine gewisse Gesetzmäßigkeit erkennen, wogegen die Skulptur sehr variieren kann und augenscheinlich auch vom Biotop beeinflußt wird. Daß und wie weit auch das Faltenbild variiert, zeigt Taf. 3.

Innerhalb der Gattung *Nerinea* Deshayes sehe ich mich genötigt, zu den bisherigen Untergattungen *Nerinea*, *Acrostylus* Cossmann 1896, *Melanioptyxis* Cossmann 1896, *Fibuloptyxis* Cossmann 1898, *Diozoptyxis* Cossmann 1896, *Ptygmatis* Sharpe 1850, *Laevinerinea* Dietrich 1939, *Teleoptyxis* Olsson 1934, *Plesioptygmatis* Böse 1906, *Gonzagia* Maury 1925, *Aphanopteryxis* Cossmann 1896 noch eine weitere aufzustellen, die im Senon weit verbreitet ist:

Simploptyxis nov. subgen.

Typus: *Nerinea nobilis* Münster.

Diagnose: Gehäuse groß bis sehr groß. Umgänge fast eben bis konkav, glatt bis knotig. Deutliches, nicht verdicktes Nahtband. An der Spindel zwei Falten, von denen die untere stärker ist, ferner eine kräftige Parietalfalte und eine Palatalfalte, die zwischen den beiden Columellarfalten steht.

Die neue Untergattung unterscheidet sich von allen anderen durch ihr Faltenbild. Von *Ptygmatis* durch den Besitz einer deutlichen Palatalfalte, ferner durch einfache, weder gegabelte, noch verdickte Falten. Am nächsten steht sie der ebenfalls bis ins Senon reichenden, vorwiegend amerikanischen Untergattung *Plesioptygmatis* Böse, aber bei dieser ist die obere Columellarfalte stets die kräftigere; ferner hat sie im unteren, äußeren Winkel der Kammer stets eine faltenähnliche Anschwellung (BÖSE schreibt „nahe dem Ausschnitt"). ZEKELI bildet zwar bei *N. nobilis* und *N. buchi* auch solche Anschwellungen ab, sie sind aber stark übertrieben; in Wirklichkeit kommen sie nur gelegentlich vor, sind stets nur unregelmäßige Wellungen der Wand, wie sie bei allen Nerineen gelegentlich vorkommen, manchmal bis zu 3 in einer Kammer.

Zeitliche Verbreitung: Turon bis Senon. Der größte Teil der bisher als *Ptygmatis* beschriebenen Formen des Senons gehört hieher.

Innerhalb der Gattung *Aptyxiella* Fischer sehe ich mich genötigt, zu den bisherigen Untergattungen *Aptyxiella*, *Nerinoides* Wenz 1939 (= *Nerinella* Sharpe), *Endiatrachelus* Cossmann 1898, *Bactroptyxis* Cossmann 1896, *Aphanotaenia* Cossmann 1898 eine weitere aufzustellen, nämlich:

Acroptyxis nov. subgen.

Typus: *Nerinea gracilis* Zekeli.

Diagnose: Gehäuse mittelgroß, sehr schlank, kegelförmig, fast stabförmig. Windungen hoch, so hoch oder höher als breit, konkav, glatt oder mit mehreren Knotenreihen oder Einschnürungen, durch deutliche, kräftig erhobene Nähte getrennt. Endwindung kantig. Die solide Spindel trägt eine tief liegende Columellarfalte; eine Palatalfalte liegt in der Mitte der Außenwand, ferner eine Parietalfalte.

Die neue Untergattung unterscheidet sich von allen anderen durch den Besitz je einer deutlichen Columellar-, Parietal- und Palatalfalte. Am nächsten steht ihr *Nerinoides*, zu der bisher die früheren Nerinellen, die kleinen und dünnen Nerineen der Gosauformation gestellt wurden. Doch sind bei dieser Untergattung Columellar- und Parietalfalte sehr schwach, oft ganz verschwindend, die Palatalfalte liegt tief, nur etwas über der Kante.

Zeitliche Verbreitung: bisher nur aus dem Senon bekannt.

Besondere Beachtung verdient auch die Gattung *Trochalia*, obwohl sie in den Gosauschichten nicht vertreten ist:

Gattung *Trochalia* Sharpe 1850. Typus erst bestimmt von COSSMANN 1896: *T. annulata* Sharpe. Diagnose nach WENZ, S. 827: „Gewinde mehr oder weniger konkav; Umgänge schmal, oft mit Spiralfurchen; Endwindung unten etwas gewölbt, sehr weit genabelt und mit hohler Spindel; Mündung viereckig, unten ohne Ausguß, nur gewinkelt." Von den Falten ist darin keine Rede. Man muß also auf den Gattungstypus greifen. COSSMANN hat aber (und WENZ ist ihm 1938, S. 827, darin gefolgt) der *T. annulata* mehr Falten zugesprochen, als sie tatsächlich hat. Man vergleiche etwa die Definition von SHARPE 1850: „One fold in the interior, on the top of the whorl, curving outwards", also nur einer Parietalfalte, mit den Diagnosen von COSSMANN 1896, S. 43, und WENZ 1938, S. 827, wo ihr eine Columellar- und eine Palatalfalte zugeschrieben werden. Darnach gehört *T. annulata* in die Untergattung *Cryptoplocus* Pictet & Campiche 1872. Diese Untergattung muß nun, da sie den Gattungstypus enthält, den älteren Namen *Trochalia* annehmen. Für den bisherigen Untergattungsbegriff von *Trochalia*, der durch den Besitz einer Spindelfalte und einer Palatalfalte unterschieden ist, schlage ich den Namen *Trochoplocus*, Typus *Nerinea turbinata* Sharpe, vor.

II. Beschreibung der Nerineen der Gosauschichten

Genus: *Nerinea* Deshayes 1827.

Subgenus: *Nerinea* (unterscheidet sich von *Simploptyxis* durch den Besitz nur einer Columellarfalte).

Nerinea (Nerinea) bronni
(Münster) Dietrich

v. *1844 (*N. bronnii*) Münster in GOLDFUSS, S. 44, Taf. 177, Fig. 4.
   1850 (*N. bronnii*) d'Orbigny, S. 219, Nr. 159.
v. 1865 (*N. bronni*) Stoliczka, S. 137.
   1925 (*N., N. bronni*) Dietrich, S. 123.

Arttypus: Das Original zu GOLDFUSS 1844, Taf. 177, Fig. 4, Staatssammlung für Paläontologie u. histor. Geol., München (die Stücke, die mir freundlicherweise zur Verfügung gestellt wurden, tragen keine Inventarnummern). Der Typus zeigt jedoch die Skulptur viel schwächer als auf der Abbildung in GOLDFUSS. Er ist durchschnitten.

Locus typicus: „Gosau" (in GOLDFUSS).

Derivatio nominis: nach H. G. BRONN.

Diagnose: in GOLDFUSS 1844, S. 44. Seither wenig Neues.

Niedrige, konkave Windungen. Der schmale konvexe Teil trägt ein Nahtband und schwache, runde Knötchen; diese sind oft so schwach, daß man sie kaum bemerkt. Die verhältnismäßig breiten Kammern enthalten eine schwache Columellar-, eine stärkere Palatal- und eine noch stärkere Parietalfalte. Die Auffassung STOLICZKAS, daß *N. bronni* nur auf Spitzen von *N. buchi* begründet sei, kann nicht richtig sein, da das Faltenbild ganz verschieden ist: *N. bronni* hat nur eine Columellarfalte, *N. buchi* deren zwei; sie gehören daher sogar in zwei verschiedene Untergattungen.

Bei den in der Literatur erwähnten Funden von *Nerinea incavata* in den Gosauschichten dürfte es sich meistens um *N. bronni*

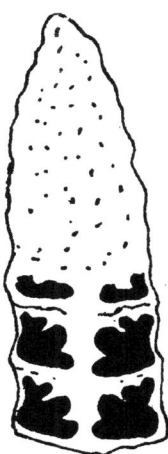

Abb. 1. *Nerinea bronni* Münst. Längsschnitt durch den Arttypus. Nat. Gr.

handeln, da sich beide Arten äußerlich ähneln; *N. incavata* kommt aber in der Gosau nicht vor, vgl. Anhang.

Vorkommen: Gosaubecken (Naturhistor. Museum Wien), Einöd (Pal. Univ. Inst. Wien).

Subgenus: *Simploptyxis* n. subg.

Nerinea (Simploptyxis) nobilis
(Münster)
(Taf. 1, Fig. 1)

v. *1844 (*N. nobilis*) Münster in GOLDFUSS, S. 43, Taf. 176, Fig. 9.
    1850 (*N. nobilis*) d'Orbigny, S. 219, Nr. 155.
v. 1852 (*N. nobilis*) Zekeli, S. 33, Taf. 4, Fig. 1—2.
v. 1852 (*N. turritellaris*) Zekeli, S. 35, Taf. 4, Fig. 6.
v. 1853 (*N. turritellaris*) Reuss, S. 191.
v. 1865 (*N. nobilis*) Stoliczka, S. 126.
    1890 (*N. nobilis*) Blankenhorn, S. 105.
    1896 (*Ptygmatis nobilis*) Cossmann, S. 34.
    1925 (*N. N. nobilis*) Dietrich, S. 127.

Arttypus: Das Original zu GOLDFUSS 1844, Taf. 176, Fig. 9. Staatssammlung für Paläontologie u. histor. Geol. München. Es wurde nicht durchschnitten. Denn ZEKELIS Originale wie seine Abbildungen stimmen so vollständig überein, daß an der Artgleichheit nicht zu zweifeln ist. Daher wurde das Faltenbild nach einem durchschnittenen Original ZEKELIS gezeichnet.

Locus typicus: ,,Aus der Gegend von Salzburg" (nach GOLDFUSS). Wahrscheinlich Gaistischl am Untersberg, da an den anderen Fundorten der Umgebung Salzburgs keine Nerineen vorkommen.

Derivatio nominis: *nobilis* = edel.

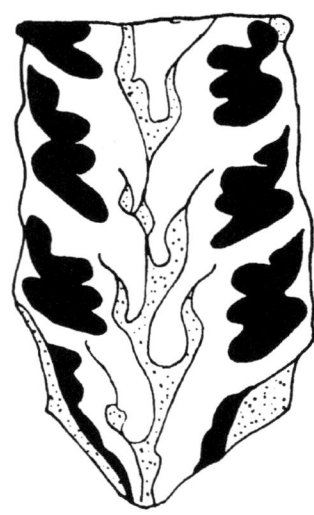

Abb. 2. *Nerinea nobilis*. Längsschnitt durch das Original ZEKELIS. Nat. Gr.

Diagnose: in GOLDFUSS, 1844, S. 44.

Gehäuse groß, steil-kegelförmig, fast ebene Umgänge und niedrige Windungen. Spindel breit, mit zwei Columellarfalten, von denen die untere etwas kräftiger ist, die Palatalfalte liegt genau in der Mitte zwischen beiden. Die von STOLICZKA beschriebenen, angeblich häufigen Nebenfalten konnten, auch am Typus und an ZEKELIS Originalen, nicht beobachtet werden. Die Art kann sehr groß, bis 50 cm lang werden, ihre Variationsbreite ist dabei sehr gering. Wie die meisten Nerineen findet man sie selten vollständig erhalten, die Spitzen fehlen fast immer. *N. turritellaris* Zekeli non Münster beruht, wie schon STOLICZKA erkannte und der Faltenbau zeigt, auf diesen abgebrochenen Spitzen. Dagegen ist *N. ampla*, die STOLICZKA ebenfalls zu *N. nobilis* ziehen wollte, eine selbständige Art, s. d.

Vorkommen: Becken von Gosau, Abtenau, Gaistischl am Untersberg, Brandenberg, Neue Welt in Niederösterreich, Dreistätten (Naturhistor. Museum Wien, Pal. Inst. Univ. Wien). In verschiedenen Literaturangaben wurden auch als Fundorte ,,Windischgarsten" und „Plahberg" genannt. Die dortigen Gosauschichten führen aber nach frdl. Mitteilungen von Dr. Ruttner, der das Gebiet eingehend kartiert hat, keine Nerineen; Prof. Kühn fand dort eine einzige *N. pailletteana*. Die angeblichen Vorkommen in Syrien und im Daghestan konnte ich nicht überprüfen. FRIČ gibt die Art 1911, S. 22, Abb. 96, auch aus den cenomanen Korycaner Schichten an. Doch zeigt schon seine Abbildung, daß es sich unmöglich um *N. nobilis* handeln kann. Seine Form ist viel kleiner, stärker kegelförmig und hat eine streifige Skulptur, wie sie bei Gosaunerineen nie auftritt.

Nerinea (Simploptyxis) ampla
(Münster)

(Taf. 1, Fig. 2)

v. *1844 (*N. ampla*) Münster in GOLDFUSS, S. 43, Taf. 176, Fig. 10.
   1850 (*N. ampla*) d'Orbigny, S. 219, Nr. 152.
v. 1865 (*N. ampla*) Stoliczka, S. 129.
   1925 (*Ptygmatis ampla*) Dietrich, S. 133.

Arttypus: Das Original zu GOLDFUSS 1844, Taf. 176, Fig. 10. Staatssammlung für Paläontologie u. histor. Geol. München. Das

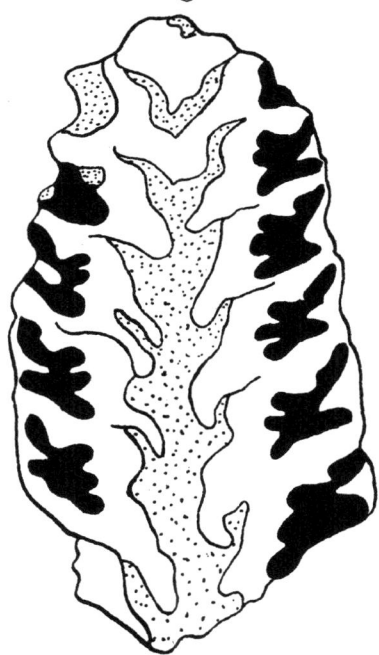

Abb. 3. Längsschnitt durch das Typusexemplar von *Nerinea ampla*. Nat. Gr.

Stück war durchschnitten, der sehr charakteristische Schnitt war aber nicht abgebildet.

Locus typicus: ,,Salzburg" (nach Goldfuss), wahrscheinlich Gaistischl.

Derivatio nominis: *ampla* = weit, umfangreich.

Diagnose: in Goldfuss 1844, S. 43.

Breit-kegelförmig, Windungen niedrig, die letzte hoch, stufenförmig abgesetzt. Die von Münster nicht erwähnte Nahtbinde ist beim Original deutlich zu sehen. Die sehr breite Spindel ist hohl, trägt zwei Columellarfalten, von denen die untere oft zwar nicht länger, aber kräftiger ist, eine dreieckige Parietal- und eine dicke, sehr tief reichende Palatalfalte, so daß die Kammern sehr eingeengt werden. In den Kammern befinden sich zahlreiche eingeschwemmte kleine Fossilien. Die Schale ist z. T. in jener als ursprünglich bezeichneten rotbraunen Farbe erhalten, die Gosaufossilien öfters zeigen.

Stoliczka hat diese Art, wie das ganz abweichende Faltenbild zeigt, mit Unrecht zu *N. nobilis* gezogen.

Vorkommen: Bisher wurde nur das Typusexemplar gefunden.

Nerinea (Simploptyxis) buchi
(Keferstein)

(Taf. 1, Fig. 3, Taf. 3)

v. *1828 (*Cerithium buchi*) Keferstein, S. 530.
v. 1829 (*Cerithium buchi*) Münster, S. 98.
    1836 (*N. bicincta*) Bronn, S. 562, Taf. 6, Fig. 14.
v. 1844 (*N. bicincta*) Münster in Goldfuss, S. 44, Taf. 177, Fig. 5 a.-b.
    1850 (*N. bicincta*) d'Orbigny, S. 219, Nr. 160.
v. 1852 (*N. buchi*) Zekeli, S. 34, Taf. 4, Fig. 3—4 (non 5).
? 1852 (*N. plicata*) Zekeli, S. 37, Taf. 5, Fig. 2.
v. 1853 (*N. bicincta*) Reuss, S. 890.
? 1853 (*N. plicata*) Reuss, S. 891.
? 1863 (*N. buchi*) Drescher, S. 315.
v. 1865 (*N. buchi*) Stoliczka, S. 130.
? 1865 (*N. plicata*) Stoliczka, S. 133.
    1896 (*Ptygmatis buchi*) Cossmann, S. 34.
? 1912 (*N. bicincta*) Scupin, S. 118, Taf. 4, Fig. 1, Taf. 5, Fig. 17.
    1925 (*N. buchi*) Dietrich, S. 123.
    1925 (*N. bicincta*) Dietrich, S. 123.
    1925 (*Ptygmatis plicata*) Dietrich, S. 136.
    1939 (*N. bicincta*) Klinghardt, S. 138, Taf. 2, Fig. 9.
    1942 (*N. bicincta*) Klinghardt, S. 208.

Zu: L. TIEDT, Die Nerineen der österreichischen Gosauschichten Tafel 1.

Fig. 1. *Nerinea (Simploptyxis) nobilis* (Münster) m. Arttypus, Original zu GOLDFUSS 1844, Taf. 176, Fig. 9. Staatssammlung f. Pal. u. histor. Geol. München. Nat. Gr.

Fig. 2. *Nerinea (Simploptyxis) ampla* (Münster) m. Arttypus, Original zu GOLDFUSS 1844, Taf. 176, Fig. 10. Staatssammlung f. Pal. u. histor. Geol. München. Etwa $2/3$ nat. Gr.

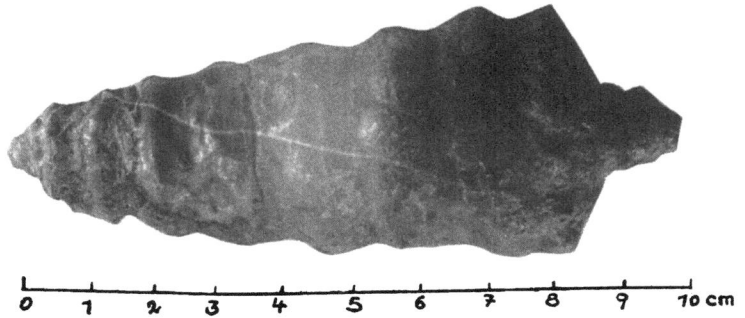

Fig. 3. *Nerinea (Simploptyxis) buchi* (Kef.) m. Arttypus, Original zu KEFERSTEINS Beschreibung und zu GOLDFUSS 1844, Taf. 177, Fig. 5a. Staatssammlung f. Pal. u. histor. Geol. München. Verkl.

Zu: L. TIEDT, Die Nerineen der österreichischen Gosauschichten Tafel 3.

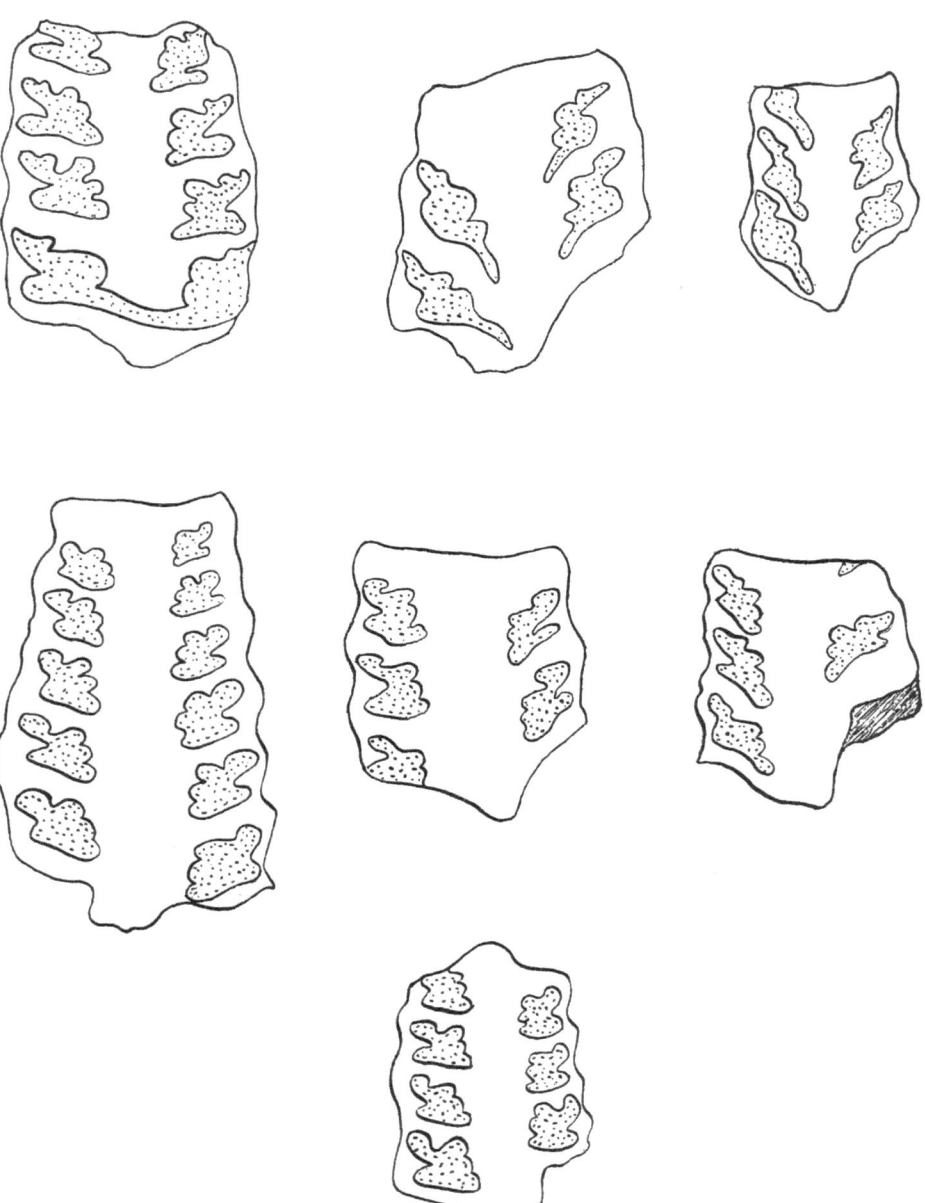

Variabilität des Kammerlängsschnittes bei *Nerinea (Simploptyxis) buchi* (Münster) m. Pal. Inst. Univ. Wien. Auf etwa $^2/_3$ verkleinert.

Arttypus: Die Erstbeschreibung von KEFERSTEIN 1828 bedeutet die Aufstellung einer neuen Art; die in der Literatur zugunsten des Namens *N. bicincta* erhobenen Einwände, z. B. jener von SCUPIN, daß die erste Abbildung von BRONN stammt, sind hinfällig, da die Forderung nach Abbildung erst ab 1882 gilt. KEFERSTEIN hat sein Exemplar zur näheren Untersuchung nach Bonn an GOLDFUSS gesandt. Dieses Stück ist, obwohl es MÜNSTER später unter dem inzwischen von BRONN publizierten Namen *N. bicincta* beschrieb, als Arttypus anzusehen. Es liegt in der Sammlung MÜNSTER, in der Staatssammlung f. Paläontologie u. histor. Geol. in München.

Unter der Bezeichnung „Original zu GOLDFUSS 1844, Taf. 177, Fig. 5" liegen hier jedoch zwei Stücke, die Originale zu den Figuren 5a und 5b. Die Außenansicht Fig. 5b ist stark korrigiert, die Skulptur ist am Original nicht so deutlich, bes. die schrägen Verbindungsrippen zwischen den Knoten sieht man kaum. Ich wähle daher als Arttypus das Original zur Fig. 5a; es ist ein Durchschnitt, der von einem anderen Stück stammt, zeigt aber an der vom Schnitt abgewandten Seite die Skulptur deutlicher als das andere Stück. Fig. 5a selbst ist entgegen MÜNSTERS Bemerkung vergrößert gezeichnet und nicht genau; sie wurde daher nach dem Original neu gezeichnet.

Locus typicus: „Wienerisch Neustadt" (in GOLDFUSS), wohl Neue Welt oder Grünbach, westlich Wiener-Neustadt, N.-Ö.

Derivatio nominis: *buchi* (auch *buchii* geschrieben) nach L. v. BUCH.

Diagnose: bei KEFERSTEIN 1828, S. 530. Besser jene von MÜNSTER.

Gehäuse groß, steil-kegelförmig. Windungen niedrig, aber relativ höher als bei *N. nobilis* und *N. ampla*. 10—15 mehr oder weniger starke Knoten auf einem Umgang, in mehr oder weniger schräge Rippen auslaufend. Mündung verhältnismäßig lang. Faltenbild wie bei *N. nobilis*.

Bereits die Beschreibungen von KEFERSTEIN, BRONN und MÜNSTER haben die charakteristischen Merkmale der Art richtig erkannt, sie lassen auch die große Variationsbreite derselben, namentlich in bezug auf die Skulptur erkennen; auf diese haben namentlich ZEKELI und STOLICZKA hingewiesen, dem wir auch die sorgfältigste Beschreibung der Art verdanken.

REUSS wendet sich dagegen, daß ZEKELI neben der *N. buchi* Keferstein und *N. bicincta* Bronn noch eine neue Art aufstellt. Aus ZEKELIS Synonymenverzeichnis ist aber ersichtlich, daß er die Art KEFERSTEINS meinte und nur aus Versehen „*N. buchi* Zek."

schrieb. Später wurden die Namen *N. buchi* und *N. bicincta* abwechselnd, aber immer mit demselben Artbegriff gebraucht. Dazu kam *N. plicata* Zekeli für eine stark abgeriebene Schale, die gerade Rippenverbindungen zwischen Knoten erkennen läßt. Dazu hat REUSS 1853, Taf. 1, Fig. 5, das Faltenbild gegeben, allerdings offensichtlich nicht den richtigen Verlauf, sondern einen durch Kalkinkrustationen vorgetäuschten; zieht man diese ab, so bleibt das Faltenbild von *N. buchi* übrig. STOLICZKA hat bereits darauf hingewiesen, daß bei *N. buchi* die Rippen zwischen den Knoten nicht immer schräg verlaufen, sondern manchmal auch ganz in der Längsrichtung. Ich kann hinzufügen, daß dies namentlich an der Spitze der Fall ist. So gewinnt die Vermutung, daß *N. plicata* auf abgebrochenen und abgeriebenen Spitzen von *N. buchi* beruhe, an Wahrscheinlichkeit; ZEKELIS Original ist ja leider nicht mehr aufzufinden und war bereits STOLICZKA nicht mehr zugänglich.

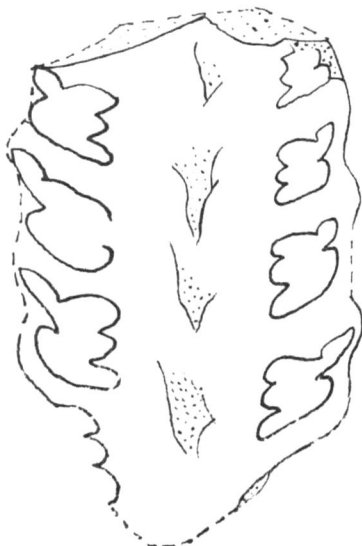

Abb. 4. *Nerinea buchi*. Längsschnitt durch das Original von MÜNSTER bzw. KEFERSTEIN.

STOLICZKA hat auf die engen Beziehungen zwischen *N. buchi*, *N. nobilis* und *N. pailletteana* hingewiesen und betrachtet diese Arten als vikariierende oder als Lokalvarietäten. Das ist allerdings nicht möglich, da sie z. T. an denselben Fundorten vorkommen. Ich betrachte alle drei als selbständige Arten und trenne bloß

ZEKELIS Taf. 4, Fig. 5, als irrtümlich oder als Mißbildung von *N. pailletteana* ab. *N. buchi* unterscheidet sich von *N. nobilis* durch die knotige Skulptur, von *N. pailletteana* durch die unregelmäßigere Stellung der Knoten, damit durch den vorwiegend schrägen Verlauf der Rippen sowie im Faltenbild durch die stets tiefere Stellung der Palatalfalte und den stärkeren Unterschied zwischen oberer und unterer Columellarfalte.

Vorkommen: Brandenberg, Brixlegg, Gosaubecken, Abtenau, Gaistischl am Untersberg, Lattengebirge, Gams bei Hieflau, St. Gallen, Neue Welt-Grünbach (Pal. Inst. Univ. Wien, Naturhistor. Museum Wien). Daß die Nerineen aus der Sächsischen Oberkreide hieher gehören, erscheint mir zweifelhaft. Daß SCUPIN bei seiner „*N. bicincta*" 3 Spindelfalten angegeben hat, erscheint als der geringste Fehler, obwohl er sie nicht abgebildet hat. Man könnte denken, daß der Schnitt schräg war und daher die Parietalfalte als oberste Columellarfalte erschien. Aber die Hohldrucke Taf. 4, Fig. 1a und 1b, differieren untereinander in einem Ausmaß, wie es selbst bei *N. buchi* unmöglich wäre. Fig. 1a zeigt die Windungen ganz unregelmäßig, die vorletzte ist sehr hoch, $H:D = 1:1,5$, die anderen sind viel niedriger; am Steinkern etwa beträgt $H:D = 1:4$. Bloß auf eine schwache Ähnlichkeit der Skulptur würde ich diese schlecht erhaltenen Stücke nicht zu *N. buchi* rechnen.

Nerinea (Symploptyxis) pailletteana
(d'Orbigny)

v. *1842 (*N. pailletteana*) d'Orbigny, S. 88, Taf. 161, Fig. 1—3.
v. 1850 (*N. pailletteana*) d'Orbigny, S. 191.
v. 1852 (*N. buchi*) Zekeli, S. 34, Taf. 4, Fig. 5 (non alt.).
v. 1852 (*N. turbinata*) Zekeli, S. 37, Taf. 5, Fig. 4a—c.
v. 1853 (*N. pailletteana*) Reuss, S. 893.
v. 1865 (*N. pailletteana*) Stoliczka, S. 132.
   1896 (*Diozoptyxis pailletteana*) Cossmann, S. 32.
   1925 (*N. turbinata*) Dietrich, S. 128.
   1925 (*Ptygmatis pailletti*) Dietrich, S. 128.

Arttypus: A. D'ORBIGNY erläutert 1842, S. 89, seine Tafel 161 so, als ob sie nur ein Exemplar von der Seite, von unten und im Schnitt darstellen sollte. Als Original der Coll. D'ORBIGNY erhielt ich aber durch die freundliche Vermittlung von Herrn Prof. ROGER unter Inv.-Nr. 6805 zwei Exemplare, die unmöglich Bruchstücke eines einzigen sein können. Das größere, das wohl als Vorlage zur Fig. 1 gedient haben könnte, umfaßt nur 4 Windungen, ist etwas weniger breit als Fig. 1; es zeigt die Skulptur nicht so deutlich wie diese, weil es mit einem sehr harten Quarzsand inkrustiert ist, der auch nicht vollständig entfernt werden konnte, da er härter ist als die Schale. Immerhin kann man sich vorstellen, daß nach diesem Stück durch Ergänzung und frisierte Darstellung Fig. 1 entstanden sein könnte. Das Stück ist aber nicht durchschnitten, Fig. 3, der Durchschnitt, kann also nicht darnach gemacht worden sein; ebenso stammt Fig. 2 von einem anderen Stück, da man nachmessen kann, daß sein Durchmesser bedeutend geringer ist als bei Fig. 1. Das vermutliche Original zu Fig. 1 wurde nun durchschnitten; es ist aber innen ganz in dunklen, fast schwarzen Kalk umgewandelt, in dem nur eine einzige Kammer ausgenommen werden kann.

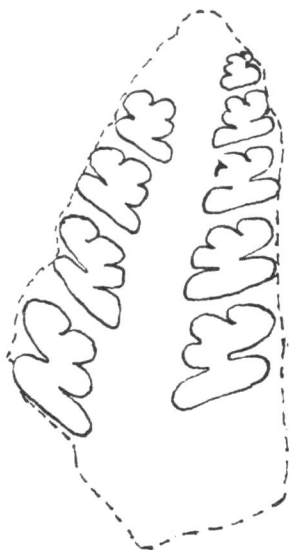

Abb. 5. *Nerinea pailletteana*. Längsschnitt durch das Original zu D'ORBIGNY 1842, Taf. 161, Sig. 30, Coll. d'Orbigny, Paris. Nat. Gr.

Das zweite Stück ist eine Spitze mit 12 Umgängen, deren Schale zerstört ist, daher keine Außenskulptur zeigt. Im Durchschnitt zeigt sie das Faltenbild sehr deutlich, dasselbe wie es die einzige erhaltene Kammer des ersten Stückes zeigt. Aus der alpinen Gosau liegen zahlreiche Stücke vor, die sowohl dem Typus von Fig. 1 wie dem Faltenbild von Fig. 3 bei D'ORBIGNY gleichen. Daher wird trotz der ungünstigen Erhaltung das wahrscheinliche Original zu D'ORBIGNY 1842, Taf. 161, Fig. 1, als Arttypus betrachtet.

Locus typicus: Bains de Rennes (Aude). Nach D'ORBIGNY in Schichten mit *Praeradiolites ponsianus*, also Angoumien.

Derivatio nominis: nach M. PAILLETTE.

Diagnose: D'ORBIGNY 1942, S. 88. Sie enthält nur zwei Fehler. An der Columella werden 3 Falten angegeben, es sind aber nur 2; die von ihm als dritte aufgefaßte ist die durch schrägen Schnitt etwas nach innen verlagerte Parietalfalte. Der von ihm angegebene Spirawinkel gilt nur für den größeren erwachsenen *Teil* des Gehäuses. Die Spitze wächst aber, wie bei so vielen Nerineenarten, rascher in die Breite, hat daher einen größeren Spirawinkel, bis über 30⁰. Die Windungen sind niedrig, etwa dreimal so breit als hoch. Sie sind mit Knoten besetzt, die (bei D'ORBIGNY nicht ganz richtig dargestellt) ihre größte Erhebung in der Höhe der Naht haben und von hier nach beiden Seiten abfallen, sich dabei rippenartig verengen, manchmal sogar recht scharf. Auf einen Umgang kommen 8—11 Knoten.

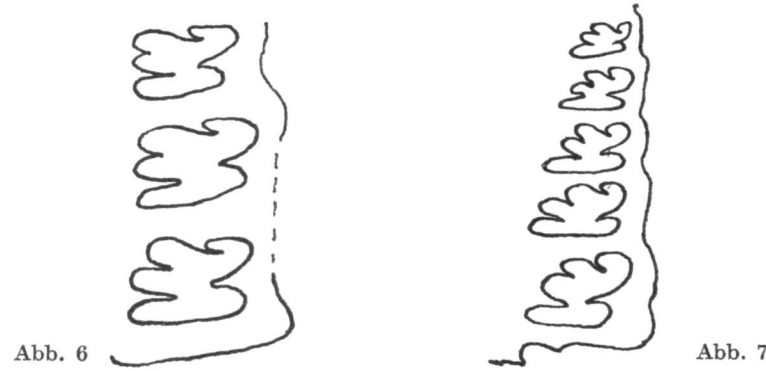

Abb. 6. *Nerinea pailletteana*. Längsschnitt durch ein großes Stück aus der Gams.

Abb. 7. Dasselbe. Längsschnitt durch eine kegelige Spitze aus der Gosau.

Stücke aus der Gams sind oft gut erhalten und zeigen jenen rötlichbraunen Ton, den Fossilien der Gosauschichten so oft haben, ferner deutliche Zuwachsstreifen, die gerade über den Knoten scharf S-förmig abgebogen sind.

ZEKELIS Taf. 5, Fig. 4, von seiner *N. turbinata* stimmt ganz mit den Spitzen von *N. pailletteana* überein, auch mit dem kleineren Exemplar von D'ORBIGNY. Diese abgebrochenen Spitzen, wie man sie von allen großen Nerineen findet, haben immer auch einen größeren Apicalwinkel als die erwachsenen Exemplare. Sehr richtig sagt z. B. Stoliczka: ,,Der Gewindewinkel nimmt in der Jugend sehr rasch zu (bis 45°), während der untere Teil des Gehäuses fast zylindrisch ist." Warum die Spitzen so leicht abbrechen und gesondert erhalten sind, wird im Abschnitt ,,Erhaltungszustand" besprochen.

N. pailletteana ähnelt sehr der N. buchi. Sie unterscheidet sich durch etwas breitere Gestalt, durch weniger scharfe Knoten, die nur in der Längsrichtung in einfache Rippen übergehen, bei N. buchi dagegen meistens in schräge, manchmal sogar gegabelte; ferner durch das Faltenbild mit den durchwegs tiefer eingreifenden Falten, von denen die Parietalfalte immer deutlich nach auswärts abgewinkelt ist. Auf die Verschiedenheit der Knoten hat schon Reuss 1853, S. 893, hingewiesen.

Vorkommen: Gosaubecken; am häufigsten in der Gams bei Hieflau (Naturhistor. Museum Wien, Pal. Inst. Univ. Wien) hier zusammen mit *Hippurites exaratus* Zittel, daher Coniac[1]. In Frankreich tritt die Art im Angoumien auf, also in der nächstfrüheren Stufe, so daß sich etwa eine Verbreitung vom Oberturon bis Untersenon ergibt.

Nerinea (Simploptyxis) crenata
(Münster)

(Taf. 2, Fig. 1)

v. *1844 (*N. crenata*) Münster in Goldfuss, S. 44, Taf. 177, Fig. 2.
 1850 (*N. crenata*) d'Orbigny, S. 219, Nr. 157.
v. 1852 (*N. bouéi*) Zekeli, S. 35, Taf. 4, Fig. 7.
v. 1865 (*N. crenata*) Stoliczka, S. 132.
 1884 (*N. crenata*) Quenstedt, S. 559, Taf. 207.
 1925 (*Ptygmatis bouéi*) Dietrich, S. 133.
 1925 (*N. crenata*) Dietrich, S. 133.

Arttypus: Das Original zu Goldfuss 1844, Taf. 177, Fig. 2 Staatssammlung f. Paläontologie u. histor. Geol. München. Das Original Goldfuss' zeigt die Skulptur weitaus schwächer als seine Abbildung. Er zeichnet ein ganzes Stück, es ist aber in zwei ungleiche Stücke zerbrochen. Das untere Stück zeigt die Falten ganz anders, als sie Goldfuss darstellt; das komplizierte Bild Goldfuss' entstand durch mehrere Lagen teils mergeliger, teils kristalliner Ausfüllungsmasse und falsche Bleistifteinzeichnungen.

---

[1] Ein abgerolltes, aber durch das Faltenbild sicher bestimmtes Stück wurde in der Laussa, O.-Ö., gefunden (Pal. Inst. Univ. Wien).

Locus typicus: ,,Gosautal" (in GOLDFUSS).
Derivatio nominis: *crenata* = gekerbt.
Diagnose: MÜNSTER in GOLDFUSS 1844, S. 44. Leider unzureichend.

Gestalt breit-kegelförmig mit niedrigen Windungen, deren Höhe weniger als ein Drittel des Durchmessers beträgt. Zahlreiche Knoten, etwa 20 auf einen Umgang, gleich, eng umschrieben und auf den hervorspringendsten Teil des stark gewölbten Umganges beschränkt. Alle Falten sind trotz kräftiger Basis weiterhin sehr dünn und reichen tief in die Wohnkammer. Die Parietalfalte ist scharf nach außen abgebogen, untere Columellar- und Palatalfalte stehen einander mit dem inneren Rande meistens genau gegenüber und bedingen dadurch eine tiefe Einschnürung der Kammer.

N. bouéi Zekeli ist, wie bereits STOLICZKA erkannt hat, nichts anderes, als eine fehlerhaft dargestellte *N. crenata*. Seine Abbildung zeigt außen ein zu kräftiges Nahtband, zu hohe, zu schräg verlaufende und nach abwärts gedrückte Windungen, das Faltenbild zeigt die Palatalfalte zu hoch angesetzt und die Parietalfalte ohne die bezeichnende Abbiegung, die untere Columellarfalte ist zu kurz. Doch die Skulptur genügt, um die Art zu erkennen.

Abb. 8. *Nerinea crenata*. Längsschnitt durch den unteren Teil des Arttypus. Nat. Gr.

Denn *N. crenata* ist von allen anderen Arten schon äußerlich durch ihre feine, gleichmäßige Skulptur mit den vielen Knötchen, im Längsschnitt durch die dünnen, tiefreichenden Falten mit tief angesetzter Palatalfalte unterschieden.

Vorkommen: Gosaubecken, St. Gallen (Naturhistor. Museum, Pal. Inst. Univ. Wien).

Genus: *Aptyxiella* Fischer 1885.
Subgenus: *Acroptyxis* n. subg.

Zu: L. TIEDT, Die Nerineen der österreichischen Gosauschichten Tafel 2.

Fig. 1. *Nerinea (Simploptyxis) crenata* (Münster) m. Original zu GOLDFUSS 1844, Taf. 177, Fig. 2. Staatssammlung f. Pal. u. histor. Geol. München. Nat. Gr.
Fig. 2. *Nerinea (Ptygmatis) incavata* (Bronn) m. Original ZEKELI 1852, Taf. 5, Fig. 1 a. Naturhistor. Museum, geol.-pal. Abt., Inv.-Nr. 1861/XL/534. $^2/_3$ nat. Gr.
Fig. 3. *Nerinea (?) turritellaris* Münster. Original zu GOLDFUSS 1844, Taf. 177, Fig. 3. Staatssammlung f. Pal. u. histor. Geol. München. Nat. Gr.
Fig. 4. *Aptyxiella (Acoptyxis) gracilis* (Zekeli) m. Neotypus. Naturhist. Museum, geol.-pal. Abt., Inv.-Nr. 300/1958. 3,5 mal vergr.
Fig. 5. *Aptyxiella (Acroptyxis) granuligera* m. Original zu GOLDFUSS 1844, Taf. 177, 3,5mal vergr. Staatssammlung f. Pal. u. histor. Geol. München, 3,5mal vergr.
Fig. 6. *Nerinea buchi* (Kef.) m. mit Bohrspuren, etwas über der Hälfte der Höhe *Clionolithes*? Pal. Inst. Univ. Wien. Verkl.

Aptyxiella (Acroptyxis) gracilis
(Zekeli)
(Taf. 2, Fig. 4)

v. *1852 (*N. gracilis*) Zekeli Taf. 5, Fig. 7a—b.
v. 1865 (*N. gracilis*) Stoliczka, S. 134.
1896 (*Nerinella gracilis*) Cossmann, S. 39.
1925 (*Nerinella gracilis*) Dietrich, S. 142.

Neotypus: Das Original von ZEKELIS Abbildung konnte bereits STOLICZKA bei seiner Revision nicht mehr auffinden. Daher erwies sich die Aufstellung eines Neotypus als notwendig. Als solcher wurde ein Stück aus der Aufsammlung ZEKELIS[1] gewählt, Naturhistor. Museum Wien, geol.-pal. Abteilung, Inv.-Nr. 300/1958.

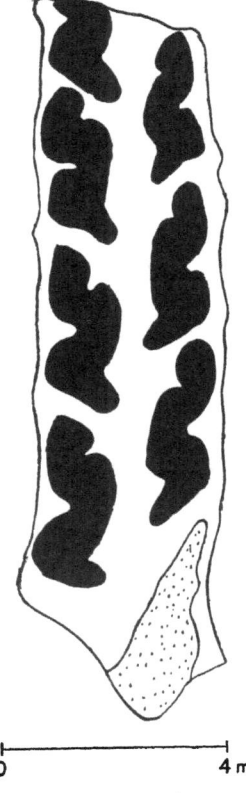

Abb. 9. *Aptyxiella gracilis*. Längsschnitt durch den Neotypus. Naturhistor. Museum, geol.-pal. Abteilung, Wien, Inv.-Nr. 300/1958.

[1] (Paratypoid).

Locus typicus: Traunwand, O.-Ö.
Derivatio nominis: *gracilis* = schlank.
Diagnose: ZEKELI 1852, S. 39. Recht treffend, bis auf die Angabe, daß 2 Columellarfalten vorhanden seien. Es ist die übliche Verwechslung der schräg getroffenen Parietalfalte mit einer Columellarfalte.

Die von STOLICZKA betonten feinen Körnelungen sind selten und nur mit der Lupe zu sehen. Zu ihrer Reihe parallel laufen einige, ebenfalls mit der Lupe kaum sichtbare Streifen. Daß die Windungen auf ZEKELIS Figur zu hoch gezeichnet sind, hat ebenfalls bereits STOLICZKA hervorgehoben; sie sind noch dazu recht ungleich hoch, nicht wie bei den anderen Arten, gleichmäßig zunehmend. Bezeichnend für die Art sind äußerlich die kaum sichtbare Skulptur, wegen der sie immer als glatt beschrieben wird, und die starke Verschmälerung der Windungen in ihrer unteren Hälfte. Im Faltenbild ist, wie schon STOLICZKA bemerkte, die Parietalfalte selten so hackig gebogen, wie sie ZELEKI zeichnet, meistens ist sie kurz und spitz.

Auffallend viele Stücke dieser Art tragen an der Außenschicht Fehler und Verdickungen, die auf Verletzungen und Regenerationsvorgänge schließen lassen.

Vorkommen: Brandenberg, Sonnwendjoch, Traunwand, Klausgraben, St. Wolfgang (alle Naturhistor. Museum), Einöd (Sammlung Dr. Tollmann). Der von ZEKELI angegebene Fundort „Kössen" stimmt nicht; schon GÜMBEL hat 1861, S. 560 festgestellt, daß bei Kössen keine Gosauschichten auftreten.

Aptyxiella (Acroptyxis) granuligera nov. nom.

(Taf. 2, Fig. 5)

v. *1844 (*N. granulata*) Münster in GOLDFUSS, S. 45, Taf. 177, Fig. 6 (non PHILLIPS 1829).
    1850 (*N. granulata*) d'Orbigny, S. 219, Nr. 161.
v. 1852 (*N. granulata*) Zekeli, S. 38, Taf. 5, Fig. 6a—b.
v. 1853 (*N. granulata*) Reuss, S. 192.
v. 1865 (*N. granulata*) Stoliczka, S. 133.
    1896 (*Nerinella granulata*) Cossmann, S. 39.
    1925 (*N. granulata*) Dietrich, S. 126.

Arttypus: Unter der Bezeichnung „Original zu GOLDFUSS, tab. 177, Fig. 6" liegen in der Staatssammlung f. Paläontologie u. histor. Geol. in München 4 Bruchstücke, von denen jedoch eines leicht als das wirkliche Original zu erkennen ist. Doch ist weder die Zeichnung der Skulptur, noch jene der abgebrochenen untersten Windung richtig. Beide werden weiter unten berichtigt.

Locus typicus: Sonnwendjoch in Tirol.

Derivatio nominis: *granulata* = gekörnelt; *granuligera* — körnertragend[1].

Diagnose: in GOLDFUSS 1844, S. 45. Auch sie enthält die durch ungenaue Zeichnung hervorgerufenen Fehler.

Schlank, mit hohen, konkaven Windungen, die 4—7 feingekörnelte Reifen tragen, von denen 2—3 etwas stärker sind. Die Beobachtung MÜNSTERS, daß die unteren Körnchenreihen etwas entfernter voneinander stehen als die oberen, ist richtig, ebenso daß die oberste Reihe jeder Windung die stärkste ist. Auch daß die darüberliegende letzte Windung an der Basis einen ungekörnten Kiel besitzt, ist richtig, dieser ist jedoch viel dünner als auf der Abbildung in GOLDFUSS; oft ist er kaum zu sehen. Die Spindel zeigt eine scharfe Columellarfalte; die Parietalfalte ist öfters schwach ausgebildet, verschwindet aber nie. Die Palatalfalte zeichnet GOLDFUSS unterhalb der Columellarfalte, ZEKELI aber ober dieser. Mehrere

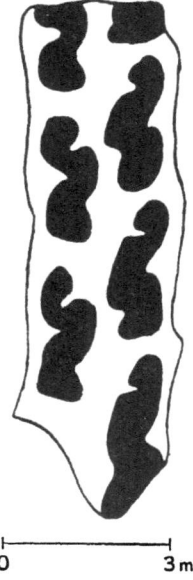

Abb. 10. *Aptyxiella granulata*. Längsschnitt durch ein Original ZEKELIS. Naturhistor. Museum, geol.-pal. Abteilung, Wien.

[1] Der neue Name ist notwendig, weil die „*Terebra? granulata*" aus dem Cornbrash von Scarborough „and other strata" (PHILLIPS 1829, Geology of Yorkshire, S. 116) nach den späteren Untersuchungen (vgl. DIETRICH 1925, S. 31) unzweifelhaft eine *Aptyxiella*, wenn auch wahrscheinlich der Untergattung *Nerinoides*, ist.

Schliffe zeigten, daß ZEKELI Recht hat; was auf MÜNSTERS Abbildung als Palatalfalte erscheint, ist in Wirklichkeit ein Stück des abgebrochenen Außenrandes.

Die meisten Stücke sind verdrückt, nicht nur flachgedrückt, sondern auch so, daß die Windungen steiler erscheinen, als sie es bei guterhaltenen Stücken sind. Verletzungen und Neubildungen der Schale sind besonders am Fundort Sonnwendjoch häufig.

Vorkommen: Brandenberg, Sonnwendjoch, Wolfgangsee, Dreistätten (Naturhistor. Museum, Pal. Inst. Univ. Wien), Einöd (Sammlung Dr. Tollmann).

Aptyxiella (Acroptyxis) flexuosa
(Sowerby)

*1831 (*N. flexuosa*) Sowerby in SEDGWICK & MURCHISON, S. 418, Taf. 38, Fig. 16.
 1836 (*N. flexuosa*) Bronn, S. 563, Taf. 6.
 1844 (*N. flexuosa*) Goldfuß, S. 45, Taf. 177, Fig. 7.
 1850 (*N. flexuosa*) d'Orbigny, S. 219, Nr. 162.
 1852 (*N. flexuosa*) Zekeli, S. 38, Taf. 5, Fig. 5.
 1865 (*N. flexuosa*) Stoliczka, S. 133.
 1884 (*N. flexuosa*) Quenstedt, S. 560, Taf. 207.
 1896 (*Nerinella flexuosa*) Cossmann, S. 39, ?26.
 1925 (*Nerinella flexuosa*) Dietrich, S. 142.

Arttypus: SOWERBY gab 1831 nur eine Abbildung mit Fundortsangabe; dies kann wohl als Indikation im Sinne der I. R. Z. N. gelten. Die Collection Murchison im British Museum Nat. Hist. enthält freilich nach freundlicher Mitteilung des Kurators Dr. L. R. Cox kein Exemplar, das der Abbildung SOWERBYS entspricht. Auch das Material MÜNSTERS in München enthielt nicht das in GOLDFUSS abgebildete Stück, und auch das Original von ZEKELI ist nicht auffindbar. Doch gestatteten Paratypoide, die vom British Museum freundlicherweise zur Verfügung gestellt wurden, die sichere Identifizierung der keineswegs seltenen Art.

Locus typicus: „Gosau" nach SOWERBY. Leider stratigraphisch unbestimmbar.

Derivatio nominis: *flexuosus* = gekrümmt.

Diagnose: Die erste Diagnose wurde von BRONN gegeben. Sie entspricht aber nicht den Tatsachen, denn in umfangreichen Materialien konnten stets nur 3 Falten beobachtet werden; die zweite Columellarfalte, die BRONN beschreibt, wurde wahrscheinlich durch eine schwache Eindellung, wie sie bei dieser Art öfters vorkommt, vorgetäuscht.

Gehäuse nadelförmig-schlank, Umgänge höher als breit. Auf den sattelartig vertieften Umgängen befinden sich jeweils drei Körnerreihen, davon zwei im konkaven Teil und eine unterhalb der Naht auf dem Wulst. Die drei Falten sind stets deutlich, die Palatalfalte greift am tiefsten ein. Neben der Parietalfalte sind manchmal noch schwache Eindellungen wahrzunehmen. Die Art ist

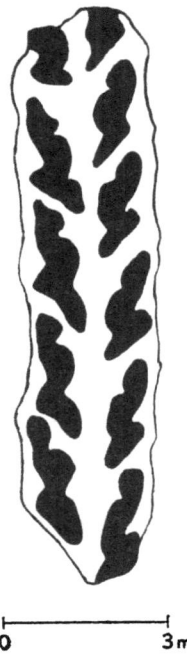

Abb. 11. *Aptyxiella flexuosa*. Längsschnitt durch ein Stück aus dem Naturhistor. Museum, Wien.

von der für das freie Auge glatten *A. gracilis* und der mit mindestens 6 Körnerreihen versehenen *A. granulata* leicht zu unterscheiden.

Vorkommen: Brandenberg, Sonnwendjoch, Gosaubecken (Edlbachgraben, Wegscheidgraben, Stöcklwaldgraben), Neue Welt (alle Naturhistor. Museum Wien, Pal. Inst. Univ. Wien), Einöd (Sammlung Dr. Tollmann).

Anhang

a) **Siebenbürgische Art**: Eine Art wurde früher als in den Gosauschichten auftretend angegeben; dies hat sich später als falsch erwiesen, wahrscheinlich lag eine Verwechslung des Fundortes vor.

Nerinea (Ptygmatis) incavata
(Bronn)

(Taf. 2, Fig. 2)

*1836 (*N. incavata*) Bronn, S. 553, Abb. 2.
v. 1844 (*N. incavata*) Goldfuss, S. 43, Taf. 177, Fig. 1a—b.
v. 1844 (*N. cincta*) Goldfuss, S. 43, Taf. 176, Fig. 12.
  1850 (*N. incavata*) d'Orbigny, S. 219, Nr. 156.
  1850 (*N. cincta*) d'Orbigny, S. 219, Nr. 154.
v. 1852 (*N. incavata*) Zekeli, S. 36, Taf. 5, Fig. 3a—b.
v. 1852 (*N. cincta*) Zekeli, S. 36, Taf. 5, Fig. 1a—b.
v. 1853 (*N. incavata*) Reuss, S. 191.
v. 1853 (*N. cincta*) Reuss, S. 191.
v. 1863 (*N. incavata*) Stoliczka, S. 50 (fehlt im Fossilium Catalogus).
v 1865 (*N. incavata*) Stoliczka, S. 134.
  1896 (*N. incavata*) Cossmann, S. 28.
  1925 (*N. incavata*) Dietrich, S. 126.
  1925 (*N. incavata*) Dietrich, S. 126.

Arttypus: Das Original, nach dem BRONN seine Beschreibung machte, ist verloren gegangen. Sein Fundort war niemals bekannt, da die Stücke schon an BRONN ohne Fundortsangabe kamen, wie BRONN S. 553 selbst sagt: „zwei Exemplare aus Wien ohne Fundortsangabe; Wand oder Siebenbürgen". Mir lag das Original zu GOLDFUSS' *Nerinea cincta*, Taf. 176, Fig. 12, aus der Staatssammlung f. Paläontologie u. histor. Geol. in München vor, ferner das Original ZEKELIS im Naturhistor Museum Wien, Inv-.Nr. 1861/XL/ 534; dessen nicht ganz korrekt durchgeführter Längsschliff wurde von ZEKELI selbst korrigiert.

Locus typicus: Kerges bei Deva, Siebenbürgen.

Derivatio nominis: *incavata* = nicht ausgehöhlt.

Diagnose: BRONNS Beschreibung 1836, S. 553, beruhte sicher auf Stücken aus Siebenbürgen, da später Exemplare wohl aus anderen, aber niemals aus Gosauschichten bekannt wurden.

Gehäuse steil-kegelförmig, fast zylindrisch, Umgänge konkav, glatt, nur bei jungen Exemplaren treten am Wulst feine Knötchen auf. Die Nahtbinde variiert in bezug auf Breite und Lage. Sie liegt aber immer auf dem Wulst selbst, niemals so tief, wie dies ZEKELI auf Taf. 5, Fig. 3b, abbildet. GOLDFUSS hat sie sehr richtig abgebildet, auch bei ZEKELI fehlt sie nirgends, wenn sie auch sehr fein ist, wie es manchmal auch in der Natur vorkommt. Es ist daher wohl verwunderlich, wenn REUSS, S. 891, sie bei *N. cincta*, STOLICZKA 135 bei den beiden Bildern ZEKELIS vermißt. Von beiden Columellarfalten greift die untere weit in die Kammer vor. Die Parietalfalte zieht weit gegen die Wand, neben ihr ist meistens eine kleine Eindellung zu sehen. Die Palatalfalte ist stark und breit; am Basalrand ist eine Anschwellung zu bemerken.

Schon GOLDFUSS' Abbildungen zeigen die Identität von *N. cincta* und *N. incavata*, doch hat er bei *N. cincta* kein Faltenbild gegeben und führt diese Art aus der Gosau an. ZEKELI dagegen, der die Gosau sehr gut kannte, führt beide nur von Siebenbürgen an. Auch bei ihm sind beide Arten äußerlich gleich. Er sagt deshalb S. 36: „unterscheiden sich jedoch durch die ganz verschiedene

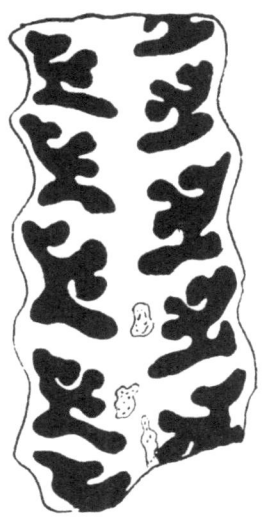

Abb. 12. *Nerinea incavata*, Längsschnitt durch das Exemplar ZEKELIS, Naturhistor. Museum, geol.-pal. Abteilung, Inv.-Nr. 1861/XL/534.

Faltenbildung". Diesen Unterschied vermag ich aber nicht zu erkennen; die beiden Faltenbilder sind auch in ZEKELIS Darstellung ganz gleich, bis auf die winzigen Unterschiede des Erhaltungszustandes. Daß eine Trennung der angeblichen beiden Arten unmöglich ist, hat bereits REUSS erkannt, und STOLICZKA hat auf Grund reichlichen Materials eine sehr sorgfältige Beschreibung gegeben.

Vorkommen: Siebenbürgen (Kerges, Neu-Gredistye, Material im Naturhistor. Museum Wien, Pal. Inst. Univ. Wien). Die Angaben über angebliche Vorkommen in Ägypten und Mexiko wurden nicht angeführt, da sie nicht überprüft werden konnten.

b) Zweifelhafte Art

Nerinea turritellaris
(Münster)

(Taf. 2, Fig. 3)

Die in GOLDFUSS 1844, S. 44, Taf. 177, Fig. 3, als *Nerinea turritellaris* Münster beschriebene Form, die bisher als einzige ihrer Art „in der Gegend von Salzburg" von MÜNSTER selbst gefunden wurde, bleibt leider unbestimmt. Ein Durchschnitt durch das Original zeigt dieses völlig umkristallisiert. Wohl zeigen sich äußerlich Reste einer körnigen Skulptur und zweier Spindelfalten. Doch ist es auch darnach zweifelhaft, ob es sich überhaupt um eine *Nerinea* handelt, da es ja auch Cerithien mit Spindelfalten gibt. Mit einer bekannten Nerineenart kann das Stück nicht identifiziert werden.

Das einzige Exemplar befindet sich in der Staatssammlung f. Paläontologie u. histor. Geologie in München.

Die von ZEKELI 1852, S. 35, Taf. 4, Fig. 6—7, als *Nerinea turritellaris* Münster bezeichnete Form stellt sich schon bei erster Betrachtung als nicht ident mit dem GOLDFUSSschen Original heraus. Sie gehört zu *Nerinea (Simploptyxis) nobilis* (Münster).

Zusammenstellung der bisher aus Gosauschichten angegebenen Nerineen

ampla, Nerinea = *N. (Simploptyxis) ampla* (Münster) m.
bicincta, Nerinea = *N. (Simploptyxis) buchi* (Keferstein) m.
bouéi, Nerinea, Ptygmatis = *N. (Simploptyxis) crenata* (Münster) m.
bronni, Nerinea = *N. (Nerinea) bronni* (Münster) Dietrich.
buchi, Nerinea = p. p. *N. (N.) bronni*, *N. (Simploptyxis) buchi* (Kef.) m, *N. pailletteana* (d'Orb.) m.
buchi, Ptygmatis = *N. (Simploptyxis) buchi* (Keferstein) m.
cincta, Nerinea kommt in Gosauschichten nicht vor.
crenata, Nerinea = *N. (Simploptyxis) crenata* (Münster) m.
digitalis, Nerinea (Stoliczka 1863, S. 50, Abb. 3; Stoliczka 1865, S. 129; Dietrich [Ptygmatis?] 1925, S. 134). STOLICZKA hat 1863 selbst auf die Unsicherheit eines Vorkommens dieser siebenbürgischen Art in den Alpen hingewiesen: „Bisher in den Gosau-Ablagerungen der Alpen nicht mit Sicherheit nachgewiesen, da es unentschieden bleiben muß, ob einige aus den Sandsteinen von Dreistätten vorliegende Bruchstücke dieser *N. digitalis* angehören oder nicht." 1865 gibt er sie aus Mergeln

und Sandsteinen von Dreistätten, den kohleführenden Schichten von Abtenau und vom Plahberg bei Windischgarsten, seltener aus der Gosau an. Mir ist jedoch kein Stück untergekommen, das man dieser Art zurechnen könnte.

flexuosa, Nerinea, Nerinella = Aptyxiella (Acroptyxis) *flexuosa* (Sowerby) m.

gracilis, Nerinea, Nerinella = Aptyxiella (Acroptyxis) *gracilis* (Zekeli) m.

granulata, Nerinea, Nerinella = Aptyxiella (Acroptyxis) *granulata* (Münster) m.

incavata, Nerinea kommt in Gosauschichten nicht vor.

involuta, Nerinea, Ptygmatis = N. (Simploptyxis) nobilis (Münster) m.

nobilis, Nerinea = N. (Simploptyxis) nobilis (Münster) m.

pailletteana, Nerinea, Diozoptyxis, Ptygmatis = N. (Simploptyxis) *pailletteana* (d'Orbigny) m.

plicata, Nerinea, Ptygmatis = N. Simploptyxis (buchi) (Keferstein) m.

polyptycha, Nerinea (Reuss 1852, S. 891, aufgestellt für N. buchi Zekeli 1852, Taf. 4, Fig. 5 non alt.; Stoliczka 1865, S. 131; Dietrich 1925, S. 136). Dietrichs Vorschlag, diese wenig bekannte Form als nomen nudum zu behandeln, ist unannehmbar, weil Reuss eine, wenn auch schwache Differentialdiagnose, sowie eine Verweisung auf eine bestimmte Abbildung gegeben, damit sogar einen Typus fixiert hat. Dieser konnte allerdings schon von Stoliczka nicht mehr aufgefunden werden. Auch in den reichen Materialien, die mir zur Verfügung standen, wurde kein einziges Stück gefunden, das der Abbildung und Beschreibung entsprochen hätte. Stoliczka erwähnte einige Stücke aus den kohleführenden Schichten von Abtenau, die wohl äußerlich ähnlich seien, im Faltenbild aber N. buchi glichen; er vermutet einen Fehler in der Abbildung. Das merkwürdige Faltenbild mit 2 Parietal- und 2 bzw. einer gegabelten Palatalfalte läßt an eine Mißbildung von N. pailletteana denken.

pyramidalis, Nerinea, Cryptoplocus, von Münster 1843, S. 43, nur aus dem „Gosau-Thale" beschrieben; der Typus stammt aber aus dem Plassenkalk.

turbinata, Nerinea = N. (Simploptyxis) pailletteana (d'Orbigny) m.

turritellaris, Nerinea Münster = unbestimmbar, fraglich ob Nerinea.

turritellaris, Nerinea, Ptygmatis Zekeli non Münster = N. (Simploptyxis) nobilis (Münster) m.

2 nov. spec., Nerinea wurden von Stoliczka 1865 angegeben. Ich konnte in den durchgesehenen Materialien keine finden; die häufigeren Formen ließen sich alle in die oben genannten Arten einordnen.

III. Stratigraphische Folgerungen

Gefunden wurden:

N. bronni: Gosau, Einöd.
N. nobilis: Brandenberg, Gaistischl, Abtenau, Gosau, Neue Welt, Dreistätten.
N. ampla: Salzburg.
N. buchi: Brandenberg, Brixlegg, Abtenau, Gosau, Gaistischl, Lattengebirge, Gams, St. Gallen, Neue Welt.
N. pailletteana: Gosau, Gams, Laussa.
N. crenata: Gosau, St. Gallen.
A. gracilis: Brandenberg, Sonnwendjoch, Traunwand, Gosau, Wolfgangsee.
A. granulata: Brandenberg, Sonnwendjoch, Wolfgangsee, Dreistätten, Einöd.
A. flexuosa: Brandenberg, Sonnwendjoch, Gosau, Einöd.

Alle diese Fundorte umfassen mehrere stratigraphische Horizonte, so daß nur wenige Nerineenvorkommen stratigraphisch bestimmt sind. Mit Ammoniten oder Inoceramen zusammen kommen sie nie vor, ebensowenig in den durch Foraminiferen gesicherten obersten Stufen. Bei Brandenberg in Tirol kommen *N. nobilis* und *N. buchi* mit *Hippurites sulcatus* vor, also im Obersanton. Im Lattengebirge und am Untersberg (Gaistischl) bei Salzburg kommen *N. ampla, N. nobilis* und *N. buchi* anscheinend nur in den Basallagen der dortigen Gosau, also im Horizont des *Hippurites cornuvaccinum*, dem Untersanton (oder obersten Oberconiac) vor; denn die überlagernden Inoceramenmergel führen keine Nerineen. Bei Abtenau werden *N. nobilis* und *N. buchi* zusammen mit *Radiolites styriacus* gemeldet, also im Oberconiac. Funde mit den Bezeichnungen Gosau, Wegscheidgraben, Edlbachgraben, Stöckelwaldgraben können nicht stratigraphisch ausgewertet werden; das Becken von Gosau enthält Schichten von Oberconiac bis zum Maastricht und in den Gräben werden Fossilien aus den verschiedenen Horizonten zusammengeschwemmt. Im Frühjahr werden sie dann von berufsmäßigen Sammlern aufgesucht und diese, meist gut herausgewitterten, aber stratigraphisch wertlosen Fossilien füllen die Läden der Museen. Im Anstehen sind aber Nerineen, mit Ausnahme der wenigen Nerineenbänke so selten, daß man mit ihnen nicht rechnen kann. Doch wurden die großen Nerineen, *N. nobilis* und *N. buchi* hauptsächlich in und unter der Hauptrudistenbank des Obersanton gefunden. Aus der Gams werden *N. buchi* und *N. pailletteana* zusammen mit *Hippurites exaratus*, also aus dem Oberconiac angegeben. Der wenig bekannte Fundort St. Gallen

(Weißenbach) bei Altenmarkt a. d. Enns hat nur *N. buchi* und *N. crenata* geliefert; dort ist Oberconiac bis Santon belegt; aus der Laussa ist nur *N. pailletteana* belegt. Besondere Bedeutung kommt in diesem Zusammenhang den Fundorten Neue Welt, Dreistätten, Grünbach zu, da hier die Schichtfolge nach KÜHN 1947, S 189, erst mit dem Obersanton beginnt; damit ist das Vorkommen von *N. buchi* und *N. nobilis*, die nach Dr. PLÖCHINGER in den Basalschichten auftreten, im Obersanton gesichert. In der Einöd bei Baden sind nach Mitteilung von Prof. KÜHN, der den dortigen Steinbruch noch im Betrieb gesehen hat, die kleinen Aptyxiellen (szt. als Nerinellen geführt) auf plattige Sandsteine und gelbe Mergel des Campan beschränkt. Diese charakteristischen reichen Faunen kleiner Mollusken findet man auch bei Dreistätten, an manchen Stellen des Gosaubeckens (z. B. oberes Rontotal), östlich von St. Wolfgang über dem Obersantonriff, auf dem der Ort steht, im Brandenbergtal, am Sonnwendjoch, übrigens auch am Sandl in der Laussa. W. PETRASCHEK hat 1941 in den untersten Lagen der Inoceramenmergel der Neuen Welt vereinzelte Nerineen zusammen mit Actaeonellen angegeben. Dies wäre das einzige Vorkommen von Nerineen im Maastricht; es wurde aber weder von Prof. KÜHN, noch von Dr. PLÖCHINGER bestätigt. Vielleicht handelt es sich doch um Schichten unter den Inoceramenmergeln, also um Campan.

Aus den angeführten Vorkommen ergeben sich immerhin einige Hinweise zur stratigraphischen Einstufung der Nerineen:

Nerinea nobilis: Oberconiac bis Obersanton.
Nerinea buchi: ebenfalls.
Nerinea ampla: Untersanton.
Nerinea pailletteana: Oberconian bis Santon (in Frankreich Oberturon).
Nerinea crenata: Santon.
Aptyxiella gracilis, granulata und *flexuosa*: Campan (falls sich das Vorkommen der Traunwand, das sonst Untersanton wäre, auf das nahe gelegene obere Rontotal beziehen läßt).

IV. Ökologische Folgerungen

1. **Erhaltungszustand**: Schon bei der ersten Durchsicht der reichlichen Materialien fiel auf, daß darunter kaum ein vollständiges Gehäuse war, daß vielmehr an fast allen Nerineen und Aptyxiellen die Spitzen und Mündungen fehlten. Im Gelände zeigte sich, daß die Schalen in sehr verschiedenen Richtungen im Sediment liegen, daß von einer Einbettung in Lebensstellung oder einer nachträg-

lichen Regelung keine Rede sein kann. Sie wurden also postmortal umgelagert, durch Wasserbewegung, wenn auch wahrscheinlich nur lokal. Das ist auch von Rudisten bekannt, wenn sie nicht gerade bankweise auftreten. Dabei sind natürlich die hervorspringenden Teile der Gehäuse, Spitzen und Mündungen am meisten der Beschädigung ausgesetzt. Beim Abbrechen der Spitzen mag vielleicht noch die Ausfüllung derselben mit Kalk durch das lebende Tier und die dadurch bedingte verschiedene Festigkeit von Spitze und übrigem Gehäuse mitgewirkt haben. Dafür spricht auch die Tatsache, daß man isolierte Spitzen häufig findet, so daß sie manchmal mit eigenen Namen bezeichnet wurden.

Ist die äußerste Schalenschicht erhalten, so zeigt sie stets denselben Farbton, jenen rötlichbraunen, wie er von Rudisten und Glauconien der Gosau bekannt ist. Wenn man bei *Plagioptychus* auch manchmal eine flaserige Zeichnung von hell und dunkel sieht, dürfte es sich nach Kühn (Paläont. Z., 32, S. 5) nicht um natürliche Färbung handeln, da es unwahrscheinlich ist, daß alle Mollusken dieselbe Farbe hatten, sondern um Speicherung von Bitumen. Ist die Schale gut erhalten, so sieht man auch die allen Nerineen gemeinsamen S-förmigen Zuwachsstreifen. Meistens ist aber die Außenschicht abgerieben. Das hat szt. bei Ellenberger zur Vorstellung einer bohrenden Lebensweise geführt: „In den Höhlungen aber finden sich Kerne von Nerineen, deren Lebensart jener der Pholaden ähnlich gewesen zu sein scheint... gruben sie ihre Wohnungen im weichen Schlamm und nicht im erhärteten Gestein. In dieser Lebensart der Nerineen liegt auch der Grund, weshalb sie an ihrer Oberfläche stets abgerieben erscheinen, als wären sie der Wirkung eines Stromes ausgesetzt gewesen." Weiters sieht Ellenberger 1851, S 49, die Ursache der Durchlöcherung der untersuchten Gesteine in der Lebensweise der Nerineen, „die ihre Wohnstätten als Kolonien ausgebaut" hätten.

2. Verletzungen, Mißbildungen: Bei Aptyxiellen sind Verdickungen der Schale nicht selten, die offenbar Neubildungen darstellen. Sie gehen wohl auf ausgeheilte Verletzungen zurück.

Bohrspongien sind bei Gosaufossilien altbekannt. Schon Zittel 1864 und Douvillé 1891—1897 haben wiederholt auf sie hingewiesen, auf den ältesten Abbildungen von Rudisten und anderen Bivalven sieht man sie unverkennbar, auf den sehr geleckten Abbildungen der Schnecken von Zekeli dagegen nicht. In neuerer Zeit haben Zapfe an Rudisten und Schremmer an Actaeonellen auf Beispiele hingewiesen. Bei Nerineen wurden sie bisher nie erwähnt oder abgebildet, doch sind sie auch hier sehr häufig, vor allem in dem Vorkommen von Brandenberg, dann aber auch aus der Gams und aus der Neuen Welt westl. Wiener-Neustadt. Es handelt sich dabei um zweierlei Formen:

a) Um runde Bohrlöcher mit Durchmessern von 0,4—1,2 mm, gehäuft oder in linearer Anordnung. An Schliffen sieht man, daß sie nur die äußere Schalenschicht durchbohren, nie reichen sie bis zur inneren oder bis zur Wohnkammer. Es sind also dieselben Formen, die SCHREMMER an Actaeonellen untersucht und auf *Cliona vastifica* Hancock bezogen hat. b) Sternförmige Bohrspuren vom Formtypus der *Olkenbachia* (*Clionolithes*), die SOLLE 1937 aus dem Devon beschrieben hat. Der Durchmesser dieser Sternspuren beträgt 2—11 mm, jener des Bohrkammerraumes bis 1,5 mm. Diese Bohrspuren sollen a. a. O. beschrieben werden.

Die Verteilung der Bohrspuren ist merkwürdig ungleich. Im Brandenberger Material sind von 40 untersuchten Nerineen 23 befallen, und zwar 17 von *Cliona* und 6 von *Clionolithes*. In der Gams und in der Neuen Welt sind sie nicht so häufig und von anderen Fundorten bisher nicht bekannt; doch mag dies mit der hier häufigeren Abreibung der äußeren Schalenschicht zusammenhängen.

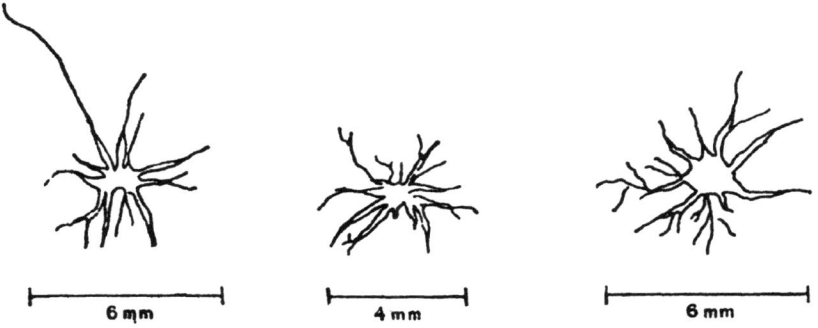

Abb. 13. Ätzspuren auf *Nerinea nobilis* Münst. Brandenberg. Pal. Inst. Univ. Wien.

3. **Wassertiefe und Wasserbewegung:** Bohrschwämme sind bisher bloß aus seichtem Wasser beschrieben. Auch die verschiedene Orientierung der Gehäuse und ihre Beschädigungen lassen auf seichtes, bewegtes Wasser schließen. Wir brauchen nicht erst auf das Zusammenvorkommen der Nerineen mit Rudisten, Korallen und anderen Seichtwassertieren einzugehen.

4. **Salzgehalt des Wassers:** SCHREMMER schließt aus dem Befall durch *Cliona* auf Brackwasser als Lebensraum der Actaeonellen. Man wäre daher geneigt, dasselbe auch für die Nerineen,

die von Bohrschwämmen befallen werden und gelegentlich auch mit Actaeonellen zusammen vorkommen, anzunehmen. Andererseits werden sie aber meistens auf Grund des angeblichen Zusammenlebens mit Rudisten und Korallen als stenohalin bezeichnet.

Ein Zusammenvorkommen mit Rudisten hat bereits CZIZEK 1851 bei Grünbach beschrieben; darüber folgen nach ihm die Actaeonellenkalke und über diesen die kohleführenden Schichten. Auch ZITTEL beschrieb 1864 aus der Breitenauer Mulde, die Rudistenbänke des Obersantons seien „bedeckt von korallenführenden Mergeln und Nerineenkalken". Bei Abtenau kommen die Nerineen einerseits mit *Radiolites exaratus*, nach STOLICZKA aber auch in den kohlenführenden Schichten vor. Am Paß Gschütt treten sie nach WEIGEL 1937 auch in der Rudistenbank des Obersanton auf, hauptsächlich aber darunter. Am Wolfgangsee beschrieb REUSS 1952 Nerineen aus den Hippuritenkalken, aber nicht sehr häufig. Im Lattengebirge erwähnt sie KLINGHARDT 1942, S. 181, als selten im Rudistenkalk, meistens darunter.

Andererseits führt sie WEIGEL 1937 im Wegscheidgraben unterhalb der Actaeonellenschicht an. Am Gaistischl (Untersberg bei Salzburg) kommen kleine Formen großer Nerineen (*N. buchi, N. nobilis*) mit vereinzelten Actaeonellen in einer etwa 50 cm mächtigen Bank neben reinem Rudistenkalk vor (Mitteilung von Herrn A. v. HILLEBRANDT, München).

Dazu kommt, daß sich Riesenformen von Nerineen und Actaeonellen gegenseitig ausschließen, Riesenformen von *Nerinea buchi* und *nobilis* sind aus der Gams, von Brandenberg und aus dem Lattengebirge bekannt. Gerade in diesen Schichten fehlen aber Actaeonellen entweder gänzlich, oder sie sind, wie im Lattengebirge, abnorm klein. In den Actaeonellenbänken, welche die kohleführende Schicht von Grünbach begleiten, fand ich keine Nerineen.

Somit ist die Behauptung von H. DOUVILLÉ, daß die Nerineen außerhalb des Rudistenbereiches nicht vorkämen, also rein marin seien, sicher irrig. Andererseits treten sie in Actaeonellenbänken nicht und mit Actaeonellen zusammen nur auf, wenn jene durch abnorme Kleinheit einen atypischen Lebensraum anzeigen oder wenn dies die Nerineen neben normalen Actaeonellen tun. ZAPFE bezeichnet sie 1937 als euryhalin; bis zu einem gewissen Grade trifft das sicher zu. Ihr Lebensraum schwankt vom reinen Salzwasser, wo sie in normaler Größe neben Rudisten und Korallen auftreten, bis zum brachyhalinen Lebensraum, wo bereits Actaeonellen vorkommen, wo sie aber durch Zwergwuchs bereits ungünstige Lebensbedingungen anzeigen. Nerineenbänke kommen nur im rein marinen Bereich vor.

5. **Temperatur, Licht, Sauerstoff, Kalkgehalt**: DACQUÉ 1921, S. 90, hat behauptet, daß die Nerineen eine der typischen Erscheinungen im mediterranen Gürtel der Kreidezeit darstellen und über diesen nur in wenigen Fällen, und dann nur in kleinen Formen hinausgehen. Er folgert hier ebenso wie er und in seinem Gefolge ABEL bezüglich der Rudisten, wo diese Auffassung aber durch KÜHN 1949 restlos widerlegt wurde. Auch bei den Nerineen kann sie nicht stimmen, da die Nerineen der sächsischen Oberkreide z. B. durchaus normale Größe erreichen, ebenso die älteren von England. Dagegen sind aus der norddeutschen und skandinavischen Oberkreide keine Nerineen bekannt, obwohl dort Rudisten gedeihen, wenn auch nur wenige Gattungen und Arten. So dürften die Nerineen noch extremer stenotherm gewesen sein als die Rudisten. Damit hängt wohl auch die Dickschaligkeit und die Faltenbildung zusammen. Je größer Wärme und Oberfläche (Faltenbildung), desto größer die Kalkabscheidung. Der größere Energieverbrauch bei vermehrter Kalkabscheidung dürfte bei den Riesenformen nicht nur durch Wärme und Licht, sondern auch durch den größeren Sauerstoffgehalt des bewegten Wassers gedeckt worden sein. Geringerer Sauerstoffgehalt in den ruhigeren und sedimentreicheren Feinsand- und Mergelböden führte zur Auslese von Kleinformen, wie sie sich in den aptyxiellenreichen Mergelschichten des Campans spiegelt. Salzarmut, die auch zur Größenabnahme führt, kann hier nicht die Ursache gewesen sein, da in diesen Mergeln große Rudisten (*Hippurites oppeli oppeli*) und Korallen in Mengen gedeihen.

Zusammenfassung

1. Das Vorkommen von Nerineen in den österreichischen Gosauschichten beschränkt sich auf 9 Arten: *Nerinea (Nerinea) bronni* (Münster), *N. (Simploptyxis) nobilis* (Münster), *N. (Simploptyxis) ampla* (Münster), *N. (Simploptyxis) buchi* (Kef.), *N. (Simploptyxis) pailletteana* (d'Orb.), *N. (Simploptyxis) crenata* (Münster), *Aptyxiella (Acroptyxis) gracilis* (Zekeli), *A. (Acroptyxis) granuligera* m., *A. (Acroptyxis) flexuosa* (Sow.).

2. Die Einführung zweier neuer Untergattungen war notwendig, um eine genaue Einordnung nach dem Faltenbild zu gewährleisten:

a) *Simploptyxis* nov. subgen., gekennzeichnet durch 2 Columellarfalten, von denen die untere kräftiger ist, eine kräftige Parietalfalte und eine Palatalfalte, die zwischen beiden Columellarfalten steht. Typus: *N. nobilis* Münster.

b) *Acroptyxis* nov. subgen., ausgezeichnet durch konstant drei Falten. Typus: *Nerinea gracilis* Zekeli.

Außerdem wurde für den bisherigen Untergattungsbegriff *Trochalia* der Name *Trochoplocus*, Typus *N. turbinata* Sharpe, vorgeschlagen. Für *Aptyxiella granulata* Münst. non Phillips wird der Name *A. granuligera* vorgeschlagen.

3. Die großen bis mittelgroßen Arten *Nerinea bronni, nobilis, buchi, ampla, pailletteana* und *crenata* sind auf tiefere Schichten, Coniac bis Santon beschränkt, die kleineren, *Aptyxiella gracilis, granuligera* und *flexuosa* dagegen anscheinend auf das Campan.

4. Nerineen und Aptyxiellen sind euryhaline Gastropoden, die im marinen bis brachyhalinen Seichtwasserbereich lebten.

5. Auf ihnen wurden Bohrspongienspuren von *Cliona* sowie eines sternförmigen Typus beobachtet.

V. Literaturverzeichnis

BRONN, H. G.: Übersicht und Abbildungen der bis jetzt bekannten Nerinea-Arten. — Neues Jahrb. f. Min. usw., 1, 544—566, Taf. 6. Stuttgart 1836.
COSSMANN, M.: Essais de Paléoconchyologie comparée. — Paris 1895—1912.
COX, L. R.: Notes relating to the taxonomy of the gastropod superfamily Nerineaceae. — Proc. Malacolog. Soc., 31, 12—16. London 1954.
CŽJŽEK, J.: Die Kohle in den Kreideablagerungen bei Grünbach, westlich Wiener Neustadt. — Jahrb. geol. Reichsanst., 2, 2. Heft, 107—123. Wien 1851.
DACQUÉ, E.: Vergleichende biologische Formenkunde der fossilen niederen Tiere. — Berlin 1921.
DIETRICH, W. O.: Nerineidae. — Fossilium Catalogus, 31. Berlin 1925.
ELLENBERGER, J.: Über die durchlöcherter Gesteine und die Nerineen in dem Department der Haute-Saône und von Bern. — Jahrb. geol. Reichsanst., 2, 3. Heft, 47—51. Wien 1851.
FELIX, J.: Die Kreideschichten bei Gosau. — Palaeontographica, *54*, 251 bis 343, Taf. 25—26. Stuttgart 1908.
GOLDFUSS, A.: Petrefacta Germaniae. — Düsseldorf 1826—1833.
HILTERMANN, H.: Klassifikation der natürlichen Brackwässer. — Erdöl & Kohle, 2, S. 4—8, Hamburg 1949.
KEFERSTEIN, Ch.: Teutschland, geologisch-geognostisch dargestellt und mit Karten und Durchschnittszeichnungen erläutert. — Band 5, Heft 3. Weimar 1828.
KLINGHARDT, F.: Das geologische Alter der Riffe des Lattengebirges. — Z. Deutsch. geol. Ges., 91, 131—140, Taf. 2—3. Berlin 1939.
— Das Kröner-Riff im Lattengebirge. — Mitt. geol. Ges., 35, 179—213, Taf. 1—5. Wien 1942.
KÜHN, O.: Zur Stratigraphie und Tektonik der Gosauschichten. — S. B. Akad. Wiss., math.-nat. Kl. I, *156*, 181—200. Wien 1947.
D'ORBIGNY, A.: Gasteropodas. — Paléontologie française, Terr. Cretacé. Paris 1842.

PETRASCHECK, W.: Die Gosau der Neuen Welt bei Wiener Neustadt, ein Steinkohlenschurfgebiet der Ostmark. — Berg- u. hüttenmänn. Monatsh., *89*, 9—16. Wien 1941.

QUENSTEDT, F. A.: Petrefactenkunde Deutschlands. 7. Gastropoden. 1884.

REUSS, A. E.: Kritische Bemerkungen über die von Herrn Zekeli beschriebenen Gastropoden der Gosaugebilde in den Ostalpen. — S. B. Akad. Wiss., math.-nat. Kl. I, *11*, 882—924, 1 Taf. Wien 1853.

SCHREMMER, F.: Bohrschwammspuren an Aktaeonellen. — S. B. österr. Akad. Wiss., math.-nat. Kl. I, *163*, 297—300, 1 Taf. Wien 1954.

SCUPIN, H.: Die Löwenburger Kreide und ihre Fauna. — Palaeontographica, Suppl.-Bd. 6. Stuttgart 1912—1913.

SEDGWICK, R. A. & MURCHISON, R. J.: A sketch of the structure of the Eastern Alps etc. — Trans. geol. Soc. (2) *3*, 301—420, Taf. 35—40. London 1831.

SHARPE, D.: Remarks on the genus Nerinaea. — Quart. Journ. geol. Soc. *6*, London 1850.

SOLLE, G.: Die ersten Bohr-Spongien im europäischen Devon und einige andere Spuren. — Senckenbergiana, *20*, 154—178. Frankfurt/M. 1937.

STOLICZKA, F. in STUR, D.: Bericht über die geologische Übersichtsaufnahme des südwestlichen Siebenbürgen im Sommer 1860. — Jahrb. geol. Reichsanst., *13*, 47—57. Wien 1863.

— Revision der Gastropoden der Gosauschichten. — S. B. Akad. Wiss., math.-nat. Kl. I, *52*, 104—223, 1 Taf. Wien 1865.

VOLTZ, W.: Über das fossile Genus Nerinea. — Neues Jahrb. f. Min. usw., S. 538—543, Stuttgart 1836.

VOLZ, P.: Die Bohrschwämme der Adria. — Thalassia, *3*, Nr. 2, 3—64. Triest 1939.

WEIGEL, O.: Stratigraphie und Tektonik des Beckens von Gosau. — Jahrb. geol. Bundesanst., *87*, 11—40, Taf. 2. Wien 1937.

WENZ, W.: Gastropoda. — Handb. d. Paläozoologie. Berlin 1938.

ZAPFE, H.: Paläobiologische Untersuchungen der Hippuritenvorkommen der nordalpinen Gosauschichten. — Verh. zool.-botan. Ges., *86—87*, 73—124. Wien 1937.

ZEKELI, F.: Die Gastropoden der Gosaugebilde. — Abh. geol. Reichsanst., *1*, Abt. 2, Nr. 2. 124 S., 24 Taf. Wien 1852.

ZITTEL, K. A.: Die Bivalven der Gosaugebilde. — Denkschr. Akad. Wiss., math.-nat. Kl. I, *24—25*, 105—176, 77—198, 27 Taf. Wien 1864—65.

Bernhauser A.: Über Mycelitis ossifragus Roux. Auftreten und Formen im Tertiär des Wiener Beckens (mit 6 Textabbildungen). S 7.20
Papp A. und Küpper K.: Die Foraminiferenfauna von Guttaring und Klein St. Paul (Kärnten). I. Über Globotruncanen südlich Pemberger bei Klein St. Paul (mit 2 Tafeln). S 10.—
Papp A. und Küpper K.: Holothurienreste aus dem Torton des Wiener Beckens (mit 1 Tafel). S 3.—
Papp A. und Küpper K.: Die Foraminiferenfauna von Guttaring und Klein St. Paul (Kärnten). II. Orbitoiden aus Sandsteinen vom Pemberger bei Klein St. Paul (mit 4 Tafeln). S 13.60
Papp A. und Küpper K.: Über Stolonen von Auxiliarkammern bei Orbitoides und Lepidorbitoides (mit 1 Tafel). S 4.—
Papp A. und Küpper K.: Die Foraminiferenfauna von Guttaring und Klein St. Paul (Kärnten). III. Foraminiferen aus dem Campan von Silberegg (mit 3 Tafeln). S 11.30
Sieber R.: Eozäne und oligozäne Makrofaunen Österreichs. S 8.50

1954 (S I Bd. 163):

Bachmayer F.: Zwei bemerkenswerte Crustaceen-Funde aus dem Jungtertiär des Wiener Beckens (mit 1 Tafel). S 6.60
Janetschek H.: Ein neues inneralpines Nunatakrelikt aus einer für die Alpen neuen Gattung (Ins., Thysanura) (mit 12 Textabbildungen). S 5.20
Obritzhauser-Toifl, Hertha: Pollenanalytische (palynologische) Untersuchungen von mehreren organischen Substanzen (mit 6 Textabbildungen). S 30.—
Schremmer F.: Bohrschwammspuren in Actaeonellen aus der nordalpinen Gosau (mit 1 Tafel). S 3.80
Strouhal H.: Isopodenreste aus der altplistozänen Spaltenfüllung von Hundsheim bei Deutsch-Altenburg (Niederösterreich) (mit 7 Textabbildungen und 2 Tafeln), S 10.30
Tollmann A.: Die Gattungen Lingulina und Lingulinopsis (Foraminifera) im Torton des Wiener Beckens und Südmährens (mit 2 Tafeln). S 9.90
Zapfe H.: Die Fauna der miozänen Spaltenfüllung von Neudorf a. d. March (ČSR.). Proboscidea (mit 2 Textabbildungen und 2 Tafeln). S 12.30

1955 (S I Bd. 164):

Bachmayer F.: Die fossilen Asseln aus den Oberjuraschichten von Ernstbrunn in Niederösterreich und von Stramberg in Mähren (mit 9 Textabbildungen und 6 Tafeln). S 26.60
Beier M.: Insektenreste aus der Hallstattzeit (mit 4 Abbildungen und 2 Tafeln). S 6.40
Herre W.: Die Fauna der miozänen Spaltenfüllung von Neudorf a. d. March (ČSR.), Amphibia (Urodela) (mit 6 Textabbildungen). S 14.80
Kühn O.: Die Bryozoen der Retzer Sande (mit 2 Tafeln). S 14.10
Papp A.: Orbitoiden aus der Oberkreide der Ostalpen (Gosauschichten) (mit 3 Tafeln). S 12.20
Papp A.: Die Foraminiferenfauna von Guttaring und Klein St. Paul (Kärnten): IV. Biostratigraphische Ergebnisse in der Oberkreide und Bemerkungen über die Lagerung des Eozäns (mit 4 Textabbildungen). S 12.20
Plöchinger B.: Eine neue Subspezies des Barroisiceras haberfellneri v. Hauer aus dem Oberconiac der Gosau Salzburgs (mit 2 Textabbildungen und 1 Tafel). S 4.40
Tollmann A.: Die Foraminiferenentwicklung im Torton und Untersarmat in den Randfazies der Eisenstädter Bucht (mit 1 Textabbildung). S 6.70

1956 (S I Bd. 165):

Bernhauser A.: Kann intravitaler Befall durch Bohrorganismen an fossilen Fischzähnen nachgewiesen werden? (mit 10 Textabbildungen). S 7.60
Thenius E.: Zur Kenntnis der fossilen Braunbären (Ursidae, Mammal.) (mit 5 Textabbildungen und 1 Tafel). S 17.20
Thenius E.: Die Suiden und Thayassuiden des steirischen Tertiärs. Beiträge zur Kenntnis der Säugetierreste des steirischen Tertiärs. VIII. (mit 31 Textabbildungen). S 25.—

1957 (S I Bd. 166):

Ehrenberg K.: Berichte über Ausgrabungen in der Salzofenhöhle im Toten Gebirge. VIII. Bemerkungen zu der Ergebnissen der Sedimentuntersuchungen von Elisabeth Schmid. S 5.80
Schmid Elisabeth: Von den Sedimenten der Salzofenhöhle (mit 1 Textabbildung und 1 Beilage). S 14.—
Zapfe H. und Hürzeler J.: Die Fauna der miozänen Spaltenfüllung von Neudorf a. d. M. (ČSR). Primates (mit 1 Tafel). S 10.20

If you have any concerns about our products,
you can contact us on
ProductSafety@springernature.com

In case Publisher is established outside the EU,
the EU authorized representative is:
**Springer Nature Customer Service Center GmbH
Europaplatz 3, 69115 Heidelberg, Germany**

Printed by Libri Plureos GmbH
in Hamburg, Germany